国家骨干高职院校
省级示范性高职院校　**建设项目成果**

Jiaotong Anquan yu Zhineng Kongzhi Zhuanye Jiaoxue Biaozhun yu Kecheng Biaozhun

交通安全与智能控制专业教学标准与课程标准

广东交通职业技术学院　**组织编写**

曹成涛　郭庚麒　**主编**

许伦辉　**主审**

人民交通出版社

内 容 提 要

本书由广东交通职业技术学院组织编写。全书共包括两部分,分别为:交通安全与智能控制专业教学标准和交通安全与智能控制专业课程标准。

本书可用于指导交通安全与智能控制专业人才培养方案的设计与课程开发,还可作为该专业教材编写的参考资料。

图书在版编目(CIP)数据

交通安全与智能控制专业教学标准与课程标准/曹成涛,郭庚麒主编.—北京:人民交通出版社,2011.6
ISBN 978-7-114-09110-0

Ⅰ.①交… Ⅱ.①曹…②郭… Ⅲ.①交通运输安全-高等职业教育-教学参考资料②交通控制:智能控制-高等职业教育-教学参考资料 Ⅳ.①U491.5

中国版本图书馆CIP数据核字(2011)第091626号

书　　名: 交通安全与智能控制专业教学标准与课程标准
著 作 者: 曹成涛　郭庚麒
责任编辑: 任雪莲
出版发行: 人民交通出版社
地　　址: (100011)北京市朝阳区安定门外外馆斜街3号
网　　址: http://www.ccpress.com.cn
销售电话: (010)59757969,59757973
总 经 销: 人民交通出版社发行部
经　　销: 各地新华书店
印　　刷: 北京鑫正大印刷有限公司
开　　本: 787×1092　1/16
印　　张: 7.25
字　　数: 173千
版　　次: 2011年6月　第1版
印　　次: 2011年6月　第1次印刷
书　　号: ISBN 978-7-114-09110-0
定　　价: 22.00元

序

《交通安全与智能控制专业教学标准与课程标准》是广东交通职业技术学院交通安全与智能控制专业在“国家骨干高职院校建设”和“广东省示范院校建设”中的探索性成果，内容包括交通安全与智能控制专业教学标准、课程标准。本书以职业能力培养为主线，融合智能交通行业职业资格标准和技能鉴定标准，构建基于工作过程系统化的专业核心课程体系；根据智能交通行业岗位能力需求及行业企业标准，选择、优化、确定教学内容，形成交通安全与智能控制专业教学标准和课程标准。

交通安全与智能控制专业按照以工作过程系统化为基础的专业改革和课程改革所形成的教学标准和课程标准，与原有的课程体系相比能更有效地把教学和学生未来的工作相结合，实现学校与企业的零对接，专业定位更准确，课程设置更合理。以任务驱动、项目导向为基础的教学模式能充分发挥学生的学习主动性和积极性，同时更能提高学生的就业竞争力和对企业的适应力。本专业教学标准包含学生就业所需的知识、技能、能力和素养等内容。

本书可作为高等职业院校智能交通相关专业的教学标准及课程标准的开发用书，也可为职业教育工作者开展职业教育研究、课程开发设计和培训学习提供参考。

广东省公路学会交通工程委员会副理事长，
教育部交通教指委委员，教授

2011 年 4 月

前　言

广东交通职业技术学院交通安全与智能控制专业创办于2003年,2007年被遴选为广东省示范院校重点建设专业,2010年成为国家骨干高职院校中央财政重点建设专业。交通安全与智能控制专业一直以来坚持面向广东省各级交通运输管理部门、高速公路公司、公路收费站、公路机电设备施工单位、公交站场、GPS相关企业、公共交通及轨道交通运营企业、交通设备制造企业等单位,培养具备智能交通相关系统的使用与维护能力,熟练掌握交通监控设施、道路通信系统、道路收费设施、交通安全设施、交通管理设施等主要交通设施的设计、应用与维护方法,能在交通运输管理部门和相关企事业单位从事智能交通监控与调度,交通安全与管理,ETC收费,交通信息采集、车载GPS等交通监控设备、高速公路机电系统、信号机等交通控制设备的设计、安装与维护等工作的高技能应用型人才,是交通行业特色鲜明的优势新兴专业。

广东省的智能交通系统ITS(Intelligent Transportation System)建设相对全国其他省份起步较早,2004年广东省正式发行粤通卡,实现全省高速公路联网收费,到2010年年底,全省开通的电子不停车收费(ETC)车道已超过300条,粤通卡全年用户保有总量突破100万,数量居全国第一。目前,珠三角地区的机动车和驾驶员管理基本实现了信息化,并在城市综合交通信息平台、智能公交调度、城市交通智能控制、高速公路管理等方面取得了显著的效果;广州港、深圳港等大型港口已初步建成数字化、智能化的现代化码头;电子警察、ETC技术、GPS技术、GIS平台等先进装备和技术在广东交通系统中被广泛使用。所有这些为广东智能交通的发展提供了坚实的基础和巨量的人才需求。根据交通部门的岗位调查和需求预测,广东"十二五"期间智能交通领域需要从事GPS与电子地图制作、交通控制与管理、电子不停车收费等方面的高技能人才从业人员在2万人以上。因此,交通安全与智能控制专业具有良好的发展前景和充满生机、活力的行业依托,社会需要大量的在交通工程建设与养护、高速公路机电系统、交通监控设施、道路通信系统、道路收费设施、交通安全设施、交通管理设施等主要交通设施"管、用、养、修"领域的高技能人才。

为培养智能交通领域高技能应用型人才,应针对交通安全与智能控制专业人才的职业能力要求和高职教育特点,对专业人才培养目标、人才培养规格、培养方案、课程体系、课程标准、教学安排及教学条件等高职教育人才培养模式的重要因素进行优化改革,准确定位专业教学标准,制定专业课程标准,并实现"三个对接",即课程体系与智能交通行业发展对接,教学内容与职业岗位能力要求对接,毕业顶岗实习与就业岗位需求对接。

为此,自交通安全与智能控制专业创办以来,即成立了交通安全与智能控制专业教学指导委员会,并邀请了高速公路机电系统、ETC收费系统、智能站场管理等领域的专家参加。根据社会及行业企业对人才的需要,专业指导委员会通过充分研究讨论,确定本专业的知识、能力、素质结构。这不仅对制定专业教学标准、确定教学重点,提供了明确的方向,而且对实现专业的就业岗位需要与学校培养工作的接口提供了明确可靠的依据。通过专业教学指导委员会、校企合作研讨、专业调研、相近专业毕业生跟踪调查等方式,听取高速公路机电系统、收费系统、智能站场管理人员对交通安全与智能控制专业岗位工作人员的知识和能力结构要求,基于智能交通系统施工、操作、维护工作任务，构建专业核心课程体系，制定专业教学标准和课程标准。

根据广东省智能交通行业人才的需求，结合高职教育的特点，构建以《高速公路机电系统》、《监控系统集成与维护》、《收费系统操作实务》、《GPS 原理与应用》、《道路交通安全管理》等专业核心课程为主体的课程体系，形成交通安全与智能控制专业的教学标准和20门课程的课程标准，经过近几年的实施和调整，交通安全与智能控制专业教学质量、学生满意度、就业质量及社会认可度等方面取得了显著成效，主要体现在以下三个方面：

(1)通过校企合作，工学结合，改革教学内容和方法，开发优质教学资源，构建专业核心课程；目前，获得1门省级精品课程、2门院级精品课程、3门院级网络课程。

(2)教学质量稳步提升，在校学生对教学满意度高，"满意"和"基本满意"达到96%；毕业生就业质量有较大提高，就业率持续提升，近3年整体就业率均为100%。

(3)交通安全与智能控制专业2010年被遴选为国家骨干院校中央财政重点建设专业。

本书由广东交通职业技术学院曹成涛、郭庚麒担任主编，其他参加编写的有广东交通职业技术学院林晓辉、李少伟、杨志伟、李彩红等老师。编写人员的分工情况如下：《监控系统集成与维护》、《Protel 电路的设计》、《单片机技术应用》、《道路交通安全管理》、《交通信息采集与分析》、《收费系统操作实务》和《智能交通应用》等课程标准由曹成涛、郭庚麒编写，《道路交通控制技术》、《高速公路机电系统》、《交通工程设计》、《智能交通系统导论》、《电工电子技术》课程标准由林晓辉、杨志伟编写，《GPS 原理与应用》、《地理信息系统设计》、《交通安全与法规》和《计算机应用基础与信息处理》课程标准由李少伟、李彩红编写，《C 语言程序设计》课程标准由万东编写，《SQL 数据库应用》课程标准由林佳一编写，《实用网络技术》课程标准由李锋编写，《网络综合布线》课程标准由唐浩祥编写。本书由华南理工大学许伦辉教授主审。

在此，我们感谢对课程标准进行审核的各位企业专家，包括广东新粤交通投资有限公司技术服务部经理王标、广州智能交通指挥中心高工王世明、广东卫星导航行业协会秦方、广州运星科技有限公司经理饶建炜、广东华路交通科技有限公司高工高华斌等。

感谢广东省教育厅、广东省交通运输厅长期以来对项目工作的指导；感谢广东交通职业技术学院各级领导给予的大力支持和鼓励。

最后特别感谢华南理工大学许伦辉教授在百忙之中担任本书主审，并作序。

由于初次编写专业教学标准和课程标准，本书难免有不妥之处，敬请读者批评指正。

编　者

2011年4月

目　　录

交通安全与智能控制专业教学标准

【专业名称】

交通安全与智能控制

【教育类型及学历层次】

教育类型:高等职业教育

学历层次:大专

【入学要求条件】

高中毕业或同等学力者

【学制】

三年

【培养目标】

本专业旨在培养德、智、体、美全面发展并具备熟练掌握交通监控设施、道路通信系统、道路收费设施、交通安全设施、交通管理设施等主要交通设施的设计、应用与维护方法,能在交通运输管理部门和相关企事业单位从事智能交通监控与调度、交通安全与管理、ETC 收费、交通信息采集、车载 GPS 等交通监控设备、高速公路机电系统、信号机等交通控制设备的设计、安装与维护等工作的高技能应用型人才。

【职业面向及职业能力要求】

1. 职业面向

主要就业单位:交通运输管理部门、高速公路公司、公路收费站、公路机电设备施工单位、公交站场、GPS 相关企业、公共交通及轨道交通运营企业、交通设备制造企业等。

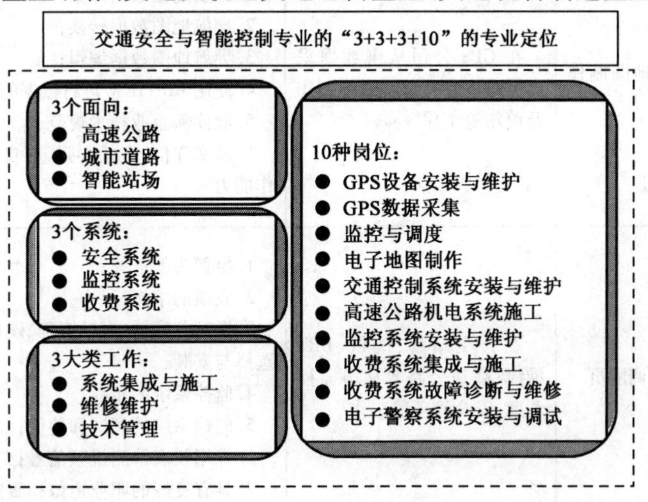

主要工作范围：毕业生主要面向高速公路、城市交通、智能站场（小区）三大应用领域，从事监控调度、收费、安全管理等工作。

毕业生主要就业岗位：交通监控调度员；ETC 收费员；ETC 收费系统的故障诊断、维修员；GPS 安装、维护员；交通监控设备安装、维护员；高速公路机电系统施工、操作、维护员；交通信息采集设备安装、维护员；GIS 电子地图制作人员；智能交通产品营销人员。

交通安全与智能控制专业的专业定位及主要岗位描述如下：

序号	核心工作岗位及相关工作岗位	岗 位 描 述	职业能力要求及素质
1	GPS 安装、维护员	从事车载 GPS 系统安装、维护等工作	1. 掌握 GPS 设备的原理、接口线的定义、汽车电路的识别知识； 2. GPS 车机简单安装调试、GPS 行车记录仪安装调试； 3. 给不同类型的车辆安装 GPS 监控车机； 4. 解决 GPS 车机无法收到信号的问题； 5. 利用万用表等测量 GPS 各个端口信号； 6. 识别常见 GPS 信号线的用途； 7. 诚实守信、责任心强，有良好的沟通能力及团队协作能力
2	GPS 数据采集员	从事 GPS 数据采集工作	1. 利用常见 GPS 手持机采集地理信息数据； 2. 识别采集的数据的含义； 3. 利用 OFFICE 对采集的数据进行初步分析； 4. 及时对外业采集的数据按照要求进行处理； 5. 及时对图片质量进行二次审核，对于达不到要求或无效数据，及时通知外业人员进行补拍或重拍； 6. 外业数据的采集（手动采集和采集程序操作、驾驶车辆扫街）； 7. 采集进度的控制，采集质量的控制，采集相关设备的保管
3	GIS 电子地图制作人员	在 GPS 公司从事数据采集、数据转换、电子地图制作及更新等工作	1. 导航地图数据采集； 2. 导航地图数据转换； 3. 导航地图数据编辑； 4. 使用 ArcVIEW 进行数据的加工工作； 5. 能读懂企业技术规范； 6. 诚实守信、责任心强，有良好的沟通能力及团队协作能力
4	交通监控调度员	在公交站场、地铁、BRT 沿线、高速公路等从事监控调度、安全管理等工作	1. 摄像头的选择； 2. 光缆的熔接； 3. 视频分配器、视频矩阵、硬盘录像机、视频服务器的选择与安装； 4. 监控系统的布线； 5. 监控系统的调试和使用； 6. 常用仪表检测视频信号； 7. 具有良好的职业道德和服务精神

续上表

序号	核心工作岗位及相关工作岗位	岗位描述	职业能力要求及素质
5	高速公路机电系统施工、操作、维护员	从事高速公路机电设备的安装、维修和技术支持工作	1. 交通监控系统、通信系统、收费系统、照明系统的安装； 2. 线圈检测器、视频检测器、微波检测器、气象检测器的选择与安装； 3. 车道控制机、车道灯、电动栏杆、通行灯、费额显示器、雾灯、字符叠加器的安装与调试； 4. 能够绘制和读懂高速公路机电系统施工图； 5. 具有良好的职业道德和服务精神
6	交通控制系统施工、操作与维护员	从事交通信号机、交通灯等交通控制系统施工与维护等工作	1. 具备交通控制的理论基础； 2. 交通控制设计，信号配时优化设计、调整及配时效果调查； 3. 具备较好的认知地图、图纸的能力，能够手绘简单的路口渠化图； 4. 具备基础的测量技术，掌握 CAD 软件的应用，能够独立完成路口的测绘； 5. 综合布线施工、测试与监理能力； 6. 高压用电知识及常用仪表的用法； 7. 具有良好的职业道德和服务精神
7	电子警察系统安装与调试员	从事电子警察、雷达测速系统等设备的安装与调试工作	1. 电子警察违法检测器的选择与安装； 2. 电子警察违法抓拍系统的选择与安装； 3. 雷达检测器的安装与调试； 4. 线圈检测器的安装与调试； 5. 综合布线方法； 6. 高压用电知识及常用仪表的用法； 7. 具有良好的职业道德和服务精神
8	ETC 收费系统故障诊断、维修员	从事 ETC 收费系统中电子标签、读写天线等设备的安装、调试、维护等工作	1. ETC 电子标签的安装； 2. ETC 数据调试； 3. ETC 系统车道控制机测试； 4. 电动栏杆的安装与测试； 5. 熟悉万用表等常用仪器仪表的用法； 6. 掌握基本的电工及综合布线方法； 7. 诚实守信、责任心强，有良好的沟通能力及团队协作能力
9	收费系统集成与施工员	从事 ETC 和 MTC 收费系统中车道控制机、电动栏杆等设备的安装、调试、维护工作	1. ETC 与 MTC 车道的原理； 2. 收费中心主机、摄像机、车道控制机、电动栏杆、通行灯等系统的安装与调试； 3. 收费车道的施工； 4. 收费系统线缆的布置； 5. 诚实守信、责任心强，有良好的沟通能力及团队协作能力
10	交通安全管理员	在交通站场从事交通安全管理、交通调度等工作	1. 站场交通安全设施、交通管理设施等主要交通设施的安装、应用、维护； 2. 利用道路交通控制与安全管理的基本知识和技能编写站场管理实施方法及应急处理措施； 3. 根据站场运行中出现的新问题，及时总结，对管理方案进行修改和完善； 4. 交通安全调度； 5. 具有良好的客户服务意识和沟通技巧

2. 能力结构要求

交通安全与智能控制专业学生能力结构要求具体如下：

专 业 能 力	社 会 能 力	方 法 能 力
1. 交通监控调度系统的安装、使用及维护能力； 2. ETC 收费系统的安装、使用及维护能力； 3. GPS 车辆监控导航系统的安装、维护能力； 4. 高速公路机电系统的设计、安装及维护能力； 5. 交通安全管理设备的使用、故障诊断与维修、管理能力； 6. 利用单片机及电子、电路技术设计交通设备的能力； 7. 网络工程综合布线施工、测试与监理能力； 8. 计算机硬件维护、常用软件工具使用的能力	1. 具有良好的职业道德和服务精神； 2. 诚实守信、责任心强，有良好的沟通能力及团队协作能力； 3. 良好的身体与心理素质，健康的审美观，勤俭节约、乐观向上的生活作风； 4. 牢固的安全意识、强烈的责任感、严谨求实的工作作风； 5. 吃苦耐劳、诚实守信、团结协作的"铺路石"品格和甘于寂寞、恪尽职守、勇于奉献的"航标灯"精神	1. 制订工作计划的能力； 2. 自我学习、解决问题、处理信息、追踪和掌握新技术能力； 3. 利用现代高科技工具进行信息检索、查询问题和解决方法的能力； 4. 善于进行工作总结及信息反馈提高的能力

3. 核心岗位资格证书

本专业职业技能证书分为必考证书和选考证书两类。具体技能证书要求如下：

序 号	职业资格证书名称	颁 证 单 位	等 级	备 注
1	公路收费及监控员	交通运输部	中(高)级	必考
2	电工证书	省人力资源和社会保障厅	中级	选考
3	全国计算机等级考试证书	教育部	中级	选考

【典型工作任务及其工作过程】

交通安全与智能控制专业典型工作任务及其工作过程如下：

序 号	典型工作任务	工 作 过 程
1	高速公路机电设备施工	1. 公路车道数、路面材料等物理属性调查； 2. 根据道路的物理属性和交通检测器、交通信息发布设备、车道控制机、通行信号灯等的工作流程设计机电系统的安装图； 3. 安装交通检测器、车道控制机、交通信息发布设备，布线连接并进行调试； 4. 撰写项目报告及工作总结
2	智能站场交通项目管理	1. 调查了解站场的物理特性； 2. 掌握站场交通安全设施、交通管理设施等主要交通设施的安装、应用、维护方法； 3. 利用道路交通控制与安全管理的基本知识和技能，编写站场管理实施方法及应急处理措施； 4. 根据站场运行中出现的新问题，及时总结，将管理方案修改完善
3	公路收费及监控	1. 掌握收费站 ETC 和 MTC 系统的使用方法，车道收费管理系统参数设置，特殊情况收费系统设置，收费站管理系统操作，收费站交通信息采集，车道控制机安装及操作，字符叠加器操作，费额显示器的安装及调试，通行信号灯的安装及调试，电动栏杆的安装及调试； 2. 掌握非正常情况下(特殊车型)的收费方法； 3. 掌握收费站通行信号灯、地感线圈、车道控制机、电动栏杆、字符叠加器、票据打印机、费额显示器、摄像机等常用设备的故障诊断与维修方法； 4. 收费系统的报表制作、交通信息的汇总

续上表

序　号	典型工作任务	工 作 过 程
4	GPS 安装及维护	1. 熟悉监控车机、手持定位仪等 GPS 设备的结构、原理、使用方法； 2. 掌握监控车机数据线及电源线的定义，掌握将 GPRS 卡放入车机的流程； 3. 掌握车机的安装及调试方法； 4. 针对车机使用过程中客户的反馈意见，设计对车机的改进方法； 5. 针对元件的更换等问题，掌握识别车机原理图、制作 PCB 板的方法
5	电子地图制作	1. 掌握 GPS 数据定位采集设备的使用方法； 2. 利用 GIS 软件，根据需要对采集的路况信息数据进行格式转换； 3. 在 GIS 平台上对道路进行更新或者制作电子地图； 4. 将电子地图更新的地方写出详细的文档
6	交通设备企业技术员	1. 了解信号机、各种交通检测器、电子警察等系统的结构及工作原理； 2. 掌握上述设备的制作、安装、使用、故障诊断及维修方法； 3. 针对使用中出现的问题，对上述系统进行集成或者改进； 4. 写出设备运行报告
7	监控系统的集成与应用	1. 调查站场、小区的布局，设计监控系统的实施方案（确定传输方式、摄像头的类型、显示屏的类型、视频服务器、视频矩阵、硬盘录像机等具体参数）； 2. 根据客户需求，选择合适的监控软件； 3. 与客户沟通确定实施方案及走线方式； 4. 对视频采集子系统、视频传输子系统、视频切换子系统、视频显示及存储子系统进行安装调试； 5. 写出项目实施报告
8	GPS、交通信号机等设备的销售	1. 了解 GPS 等产品以及同行业其他产品的特点、使用方法等； 2. 熟悉产品的结构、原理、使用对象； 3. 调查分析相关产品的使用案例及市场需求； 4. 编写市场调查报告及销售策划报告

【培养方案框架体系】

1. 体系架构

本专业面向高速公路、城市交通、智能站场（小区）三大应用领域，按照“平台化、岗位化”的原则，基于监控调度、收费、安全管理三大岗位任务，构建相应的核心课程模块。每个模块对应着一个岗位工作领域，具有明确的职业能力目标。本专业课程模块设置如下：

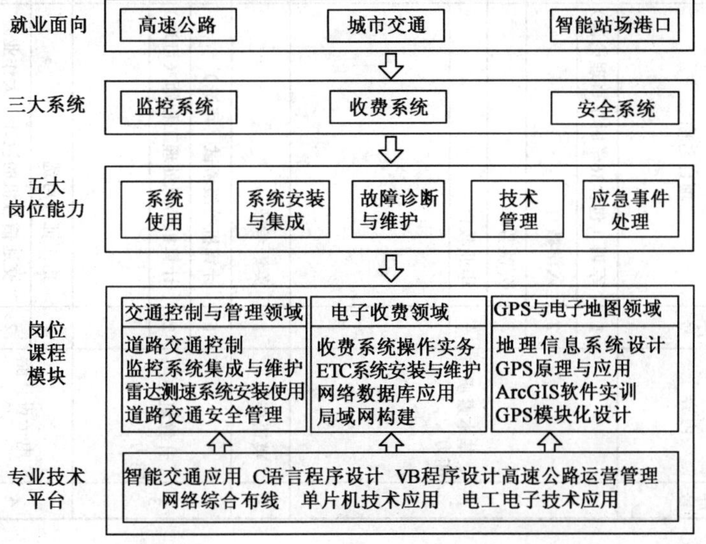

2. 课程方案（教学实施计划表）

教学实施计划如下：

能力单元		基本素质教育与综合实训						课程教学														
序号	内容	序号	项目名称	学期	周数	考证	学分	课程性质	序号	课程名称	教学时数				考核		按常年及学期分配教学周数					
											小计	理论教学	课内实训	学分	考试学期	考查学期	一		二		三	
																	14周	18周	16周	19周		
																	各课程每周学时数					
1	基本素质与能力	1	军训（包含36学时军事理论课）	1	2			必修课	1	思想道德修养与法律基础	54	44	10	3		1	2	2				
		2	入学教育	1					2	毛泽东思想和中国特色社会主义理论体系概论	70	60	10	4		3~4			2	2		
		3	公益劳动	3	1				3	形势与政策	66	58	8	1		1~4	1	1	1	1		
		4	毕业教育	5	1				4	职业规划	14	14	0	1		1	1					
									5	就业指导	19	19	0	1		4				1		
									6	体育与健康	64	6	58	3.5		1~2	2	2	达标或选修			
									7	高等数学	56	50	6	3	1		4					
2	英语能力	1	英语考证	2		√	1		8	实用英语	128	86	42	7	1	1~2	4	4				
3	计算机应用能力	1	计算机等级考试（可选）	2		√	1		9	计算机应用基础与信息处理	42	16	26	2		1	3					
		2	计算机信息处理工程师（可选）	3					10	C语言程序设计	72	40	32	4	2			4				
									11	VB程序设计	48	20	28	3	3				3			
									12	SQL Server数据库实用	56	26	30	3	4					3		
4	电子设计能力	1	电工证（可选）	3		√	1		13	电工电子技术	56	30	26	3	1		4					
		2	交通信号机的设计（大作业）	2			1		14	单片机技术应用	90	45	45	5	2			5				
									15	Protel电路的设计	38	20	18	2		4				2		
5	道路交通控制能力	1	高速公路监控系统生产见习	2	1		1		16	智能交通系统导论	56	26	30	3		1	4					
		2	交通信号模拟控制实训	2					17	道路交通控制技术	54	30	24	3		2		3				
									18	智能交通应用（双语）	36	24	12	2		2		2				

能力单元		基本素质教育与综合实训						课程教学															
序号	内容	序号	项目名称	学期	周数	考证	学分	课程性质		序号	课程名称	教学时数				考核		按常年及学期分配教学周数					
												小计	理论教学	课内实训	学分	考试学期	考查学期	一		二		三	
																		14周	18周	16周	19周		
																		各课程每周学时数					
6	监控导航	1	GPS监控实训	3			1	必修课		19	GPS原理及应用	64	34	30	3.5		3			4			
		2	道路监控员考证*	4	1	√	1			20	监控系统集成与维护	72	36	40	4		4				4		
7	电子收费	1	收费系统项目实训	4			1			21	收费系统操作实务	72	40	36	4		4				4		
		2	综合布线实训	3			1			22	实用网络技术	64	34	30	3.5	3				4			
										23	网络综合布线	48	20	28	3		3			3			
8	安全管理能力	1						限选课	二选一	24	高速公路机电系统	36	24	12	2		3		2				
										25	交通工程设计#	64	30	34	3.5		3				4		
									二选一	26	交通安全与法规	32	20	12	2		3			2			
										27	道路交通安全管理#	56	30	26	3		4				3		
									二选一	28	交通信息采集与分析	54	30	24	3		2		3				
										29	地理信息系统设计#	76	30	46	4		4				4		
9	人文素质教育		根据素质教育学分制相关规定					任选课		30	在学院公布的任选课范围内由学生选择	72	36	36	4								
										31													
										32													
10	综合实践	1	专项技能实训与职业资格考证	5	4		4	合计			学时合计	1 615	904	711	86								
		2	项岗实习前强化训练	5	2		2				周学时总数							25	23	21	24		
		3	顶岗实习与毕业设计	5	13		13				学期课程门数							9	8	7	9		
		4	顶岗实习	6	19		19				学期考试门数							3	2	2	1		
			合计		43		48				学期考查门数							6	6	5	8		

注：①标有*的项目为专业考证限选项目，学生专业考证必须取得1个以上学分。

②带#号的为纳入计算的预定限选课。

【学习领域主要课程基本要求】

学习领域主要课程——电工电子技术基本要求如下：

学习领域课程	电工电子技术		
学期	1	基准学时	54
学习目标： 1. 掌握基本的电工电子技术知识； 2. 熟练使用万用表、示波器等常用仪器仪表； 3. 学会常用电路的看图与设计方法			
学习内容： 1. 电子元器件的应用； 2. 放大电路； 3. 计数器、触发器、门电路； 4. 电路分析方法； 5. 安全用电常识； 6. 常用仪器仪表的使用			

学习领域主要课程——C 语言程序设计基本要求如下：

学习领域课程	C 语言程序设计		
学期	2	基准学时	72
学习目标： 1. 掌握基本的 C 语言编程能力，并掌握编程的思维方法； 2. 掌握调试软件的方法； 3. 掌握利用位运算对硬件进行控制的方法			
学习内容： 1. 三种基本结构的程序设计； 2. 函数的调用； 3. 数组的使用方法； 4. 指针的使用； 5. 结构体与链表； 6. C 上机编程调试方法； 7. C 语言的位操作			

学习领域主要课程——道路交通控制技术基本要求如下：

学习领域课程	道路交通控制技术		
学期	2	基准学时	54
学习目标： 1. 交通控制的方法（单交叉口控制、干线协调控制、区域协调控制）； 2. 交通检测器的种类及原理； 3. 高速公路控制方法； 4. 交通协调控制系统			
学习内容： 1. 交通管理方法，包括管理条例、管理的形式； 2. 交通设施的作用、意义以及使用情况，交通控制的方法、原理； 3. 信号控制交叉口信号灯配时方法； 4. 运用图解法和数解法对干线交叉口信号灯进行配时； 5. 交通检测器的原理； 6. 高速公路控制； 7. 交通控制系统			

学习领域主要课程——GPS 原理及应用基本要求如下：

<table>
<tr><td>学习领域课程</td><td colspan="3">GPS 原理及应用</td></tr>
<tr><td>学期</td><td>3</td><td>基准学时</td><td>64</td></tr>
<tr><td colspan="4">学习目标：
1. 掌握 GPS 的原理和定位方法；
2. 安装调试车载 GPS 设备；
3. 利用 GPS 进行动态监控；
4. 利用手持 GPS 进行校园道路数据采集</td></tr>
<tr><td colspan="4">学习内容：
1. GPS 的定位方法；
2. GPS 的坐标和时间系统；
3. GPS 卫星信号的构成与传播；
4. GPS 定位的观测方程与误差分析；
5. GPS 绝对定位和相对定位；
6. GPS 数据采集、处理方法及其应用；
7. GPS 车机的安装与调试</td></tr>
</table>

学习领域主要课程——收费系统操作实务基本要求如下：

<table>
<tr><td>学习领域课程</td><td colspan="3">收费系统操作实务</td></tr>
<tr><td>学期</td><td>4</td><td>基准学时</td><td>76</td></tr>
<tr><td colspan="4">学习目标：
1. 熟悉收费系统各种设备的运行机制、常见故障；
2. 掌握收费系统的使用方法；
3. 掌握车道收费管理系统参数设置，特殊情况收费系统设置，收费站管理系统操作，收费站交通信息采集，车道控制机安装及操作，字符叠加器操作，费额显示器的安装及调试，通行信号灯的安装及调试，电动栏杆的安装及调试方法</td></tr>
<tr><td colspan="4">学习内容：
1. 介绍收费系统的基本组成、运行机制；
2. 当前行业广泛使用的收费设备，如无线射频读卡器、收费终端、电子测重仪、车道控制机、电动栏杆等的安装、使用、调试方法；
3. 收费系统的操作；
4. 收费系统的维护；
5. 收费系统报表的制作</td></tr>
</table>

学习领域主要课程——道路交通安全管理基本要求如下：

<table>
<tr><td>学习领域课程</td><td colspan="3">道路交通安全管理</td></tr>
<tr><td>学期</td><td>4</td><td>基准学时</td><td>54</td></tr>
<tr><td colspan="4">学习目标：
1. 能综合分析和处理城市公共交通、站场与港口安全管理的基本问题；
2. 能给出交通站场应急管理方案；
3. 能对交通安全设施进行安装、维护及使用</td></tr>
<tr><td colspan="4">学习内容：
1. 介绍城市公共交通、站场与港口的生产管理运行机制；
2. 安全事故原因分析；
3. 管理实务与案例；
4. 交通安全设施的原理及使用、安装、维护方法</td></tr>
</table>

学习领域主要课程——监控系统集成与维护基本要求如下：

学习领域课程	监控系统集成与维护		
学期	4	基准学时	76
学习目标： 1. 掌握对监控系统进行设计、安装和维护的能力； 2. 具备基本的监控设备维修基础知识及处理常见故障的能力； 3. 掌握监控系统的使用方法			
学习内容： 1. 监控系统的安装调试与运行维护技术； 2. 交通监控系统网络规划与系统设计技术； 3. 监控系统的常见故障分析及维修方法； 4. 监控摄像头、传输方式、视频服务器、视频矩阵、显示器的选择方法及其主要参数			

学习领域主要课程——地理信息系统设计基本要求如下：

学习领域课程	地理信息系统设计		
学期	4	基准学时	76
学习目标： 1. 掌握 GIS 数据的浏览方法和数据转换方法； 2. 掌握利用 GIS 制作电子地图的方法			
学习内容： 1. GPS 接收机的认识、试验及基本数据采集； 2. GIS 主要数据格式及转换方法； 3. 利用 GIS 浏览图像的方法； 4. 利用 GIS 对地图更新，显示道路信息； 5. 利用 GIS 对道路作网络分析等，求出最优路径等交通信息			

【课程考核要点】

考核内容应以项目测试为重点，不局限于教材内容：

(1)让学生在真实的与学习内容相关的情境中，直接面对任务，通过实际的项目组织考核，严格按照项目的操作过程执行，着重测试学生对课程内容的全面掌握和实践能力，从考核知识素养向考核创新素养和工作能力转变。这种考核内容可以使学生的创造潜能和动手制作能力得到充分地发挥。

(2)在教学过程中对学生进行评价，直接提供可观测的学习结果，而不是用孤立的数字来显示学习结果，学生之间可以讨论与合作。

(3)让学生用已经掌握的知识和技能处理新的问题，使其通过思考、辨析、梳理已知的知识，找出新问题的解决方法，增强自信心。既不要求学生的答案唯一正确，也不强求与课程内容一致，注重培养学生解决问题的能力。

【教师基本要求】

(1)专业教师应具有本专业或相近专业硕士研究生以上学历。

(2)专业教师中“双师”教师比例应大于 80%。

(3)专业教师中来自行业企业一线的专业技术人员比例不低于 30%。

(4)专业教师与学生比例约为 1:25 左右，其中企业兼职教师不低于 60%。

(5)专业教师应接受过职业教育技术培训，并具有开发职业课程的能力。

【基本实训条件要求】

作为国家骨干院校和省级示范院校重点建设专业，交通安全与智能控制专业已建成“交通控制与图形图像处理实训室”、“公路收费与监控实训室”、“GPS与网络通讯实训室”，可满足学生实训的需要。

1. 交通控制与图形图像处理实训室

交通控制与图形图像处理实训室主要包括交通信号模拟演示控制机和模拟演示板。交通信号模拟演示控制机是根据多年的实际工程经验，并结合大专院校交通工程专业的教学特点而研发出来的教学用信号机。通过该信号机，使学生对交通管理与信号的基本概念、功能组成、设置过程、操作方法有深入且全面的了解，加深对交通信号控制的认识，从而熟知路口交通信号控制机的工作原理、控制方式和操作使用方法，将课堂学习与实际运用紧密联系起来。实训室主要功能如下：

实训室主要功能	实训室主要设备	适用专业	可承担课程
该实训室可承接交通信号机的设置、对称情况下单交叉口信号机的配时、不对称情况下单交叉口信号机的配时、干线交通协调控制、PS图形图像制作等项目实训	交通信号模拟机、交通信号显示板、图形图像处理软件、计算机等	交通安全与智能控制专业、图形图像处理专业	道路交通控制、高速公路机电系统、交通信息采集、监控系统集成与维护、PhotoShop、Flash制作等

其中交通信号模拟机和交通信号显示板如下所示。

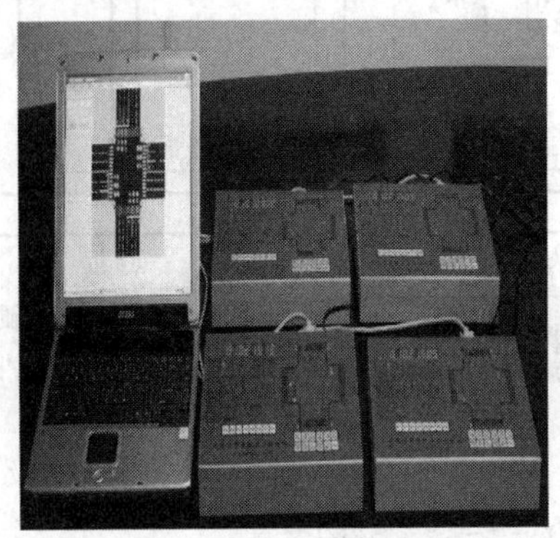

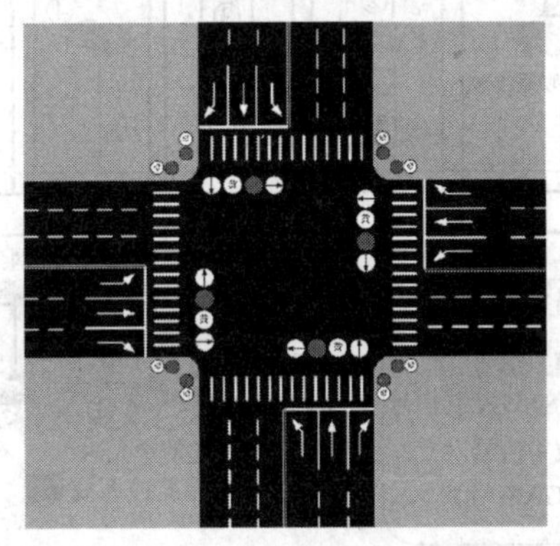

交通控制与图形图像处理实训室设备如下：

序号	设备名称	设备简介	主要特点
1	交通模拟信号演示控制机	通过该信号机，使学生对交通管理与信号的基本概念、功能组成、设置过程、操作方法有深入且全面的了解	◎ 能实现四相位、十八步伐的信号控制； ◎ 设置并存储八种配时方案和两种特殊方案； ◎ 实现全天10时段的信号控制； ◎ 设置并存储7个时段的方案表，实现特殊日控制； ◎ 干线协调控制； ◎ 区域协调控制； ◎ 感应控制
2	交通信号显示板	与信号机配合使用，直观地显示交通控制的效果	◎ 安全电压； ◎ 连接方便

2. 公路收费与监控实训室

公路收费与监控实训室提供了真实的公路收费及监控的环境，学生可进行公路收费与监控项目的实训，同时可以作为公路收费及监控员考证培训场地。该实训室主要包括：

(1)交通视频监控系统：可同时具有车型分类、交通事件检测和治安监控的功能；

(2)公路收费模拟系统：包括出口收费系统和入口收费系统、收费管理中心三个部分；

(3)线圈交通流采集系统；

(4)超声波交通流采集系统。

利用交通流采集系统可以实时地采集道路的交通信息。该实训室主要功能如下。

实训室主要功能	实训室主要设备	适用专业	可承担课程
该实训室可承接检测器的安装和维护，监控系统的安装、操作及维护，收费系统的安装、维护及操作等项目实训	线圈交通流检测系统、超声波交通流检测系统、视频交通检测系统、收费系统、嵌入式系统实验箱、计算机、示波器等	交通安全与智能控制专业、软件专业	监控系统集成与维护、道路交通控制、交通信息采集、ETC 不停车收费、高速公路机电系统等

交通视频监控系统结构图如下：

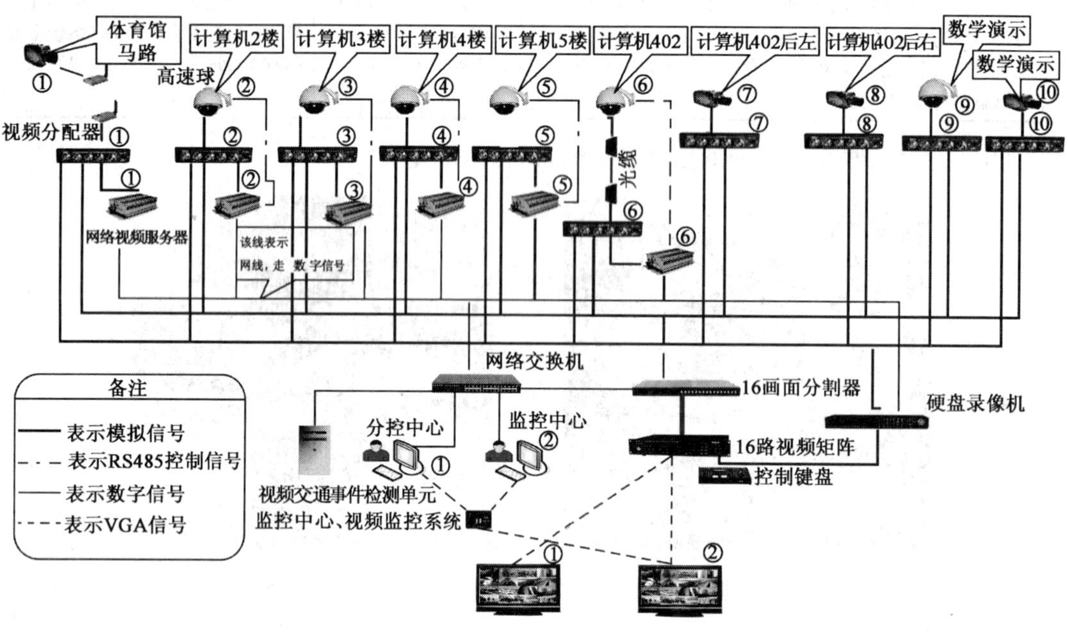

收费系统结构图如下：

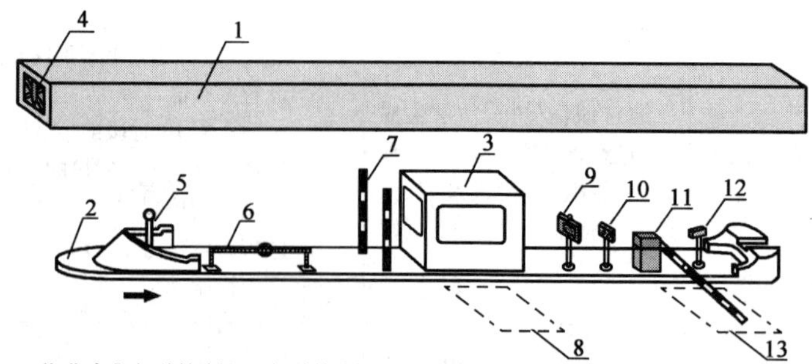

1-雨棚；2-收费安全岛；3-收费亭[车道控制机、车道控制器、IC 卡读写器、显示器、收费键盘、对讲机、字符叠加器、票据打印机(出口车道)]；4-雨棚信号灯；5-雾灯；6-手动栏杆；7-防撞柱；8-车辆检测线圈；9-收费显示语音报价一体机；10-通行信号灯；11-电动栏杆；12-车道抓拍摄像机；13-栏杆线圈

线圈交通流采集系统示意图如下：

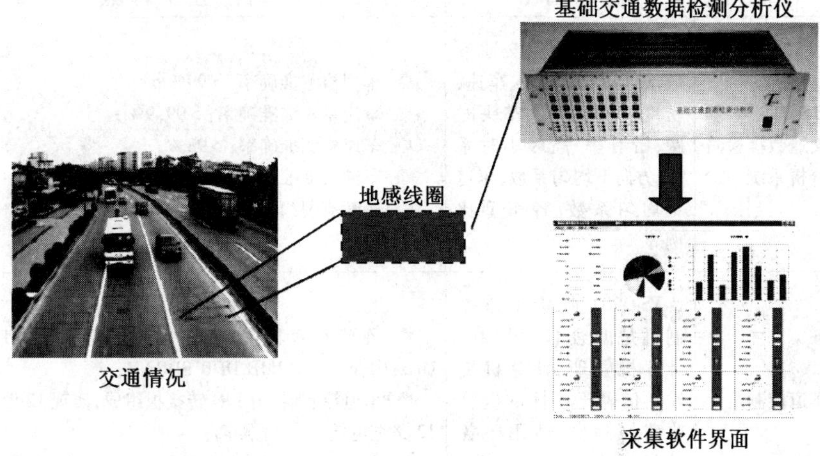

公路收费及监控实训室设备如下：

序号	设备名称	设 备 简 介	主 要 特 点
1	交通监控系统	主要包括视频交通事件检测单元、视频监控集成系统、高速球、无线网络视频服务器等	视频交通事件检测单元： ◎ 停车车辆的检测、报警； ◎ 快慢车辆的识别、跟踪、报警； ◎ 逆行车辆的检测、跟踪、报警； ◎ 交通拥挤、交通阻塞、缓行、滞流等事件的检测与报警
			视频监控集成系统： ◎ 交通异常发生后，实时(5～20s 内)给出警报； ◎ 在不同环境下的实地测试中，系统正确检出率＞90%； ◎ 系统可以满足在雨、雪、雾、阴天，以及夜间等复杂天气条件下的交通事件自动检测
			高速球： ◎ 有效像素 440K； ◎ 480TV 线； ◎ 22 倍光学放大，10 倍数字放大； ◎ 镜头(F=3.9～85.8mm)
			无线网络视频服务器： ◎ MPEG—4 视频压缩、ADPCM(G. 726)音频压缩； ◎ 视频码率 33kbps～4Mbps 连续可调； ◎ 嵌入式操作系统，整机具备高画质、高稳定性、高可靠性的特点； ◎ 内嵌 Web Server，全面支持 Internet Explore 浏览、配置、升级
2	CJK—04 型超声波道路交通信息检测器	超声波交通信息检测器能检测车流量、车型、车速、占有时间、车头时距、延误时间	◎ 车流量检测准确率≥98%； ◎ 能识别客、货车等 9 种车型，分别为：小客车、中客车、大客车、小货车、中货车、大货车、特大货车、集装箱、拖挂车，综合识别率≥93%； ◎ 地点平均车速检测准确率≥93%； ◎ 占有率精度≥95%； ◎ 标配监测车道数：8 条车道，可扩充至 16 条车道； ◎ 数据存储：每 15min 一个数据统计周期，能存储 60 天；每分钟一个数据统计周期，能存储 5 天

续上表

序号	设备名称	设备简介	主要特点
3	TS-DR3.0 基础交通数据检测与分析系统	主要用于检测交通参数,如车型、车流量、车速、密度、车辆长度、车头时距、占有率、高峰小时系数、方向不均匀系数、车道不均匀系数、各车型比例等	◎ 车型检测准确率:>99%; ◎ 车流量检测准确率:>99.9%; ◎ 车速检测准确率:>98%; ◎ 车辆长度准确率:>98%; ◎ 速度范围:>200km/h
4	车道控制机	TS-0501 收费车道控制机是融合自动控制、计算机管理、计算机传输通信等于一体的电脑收费控制机,适用于各种封闭式或开放式路、桥收费系统	◎ 车道计算机:CUP——Socket 478 架构,Pentium 4/2.4 GHz;内存——512MB DDR SDRAM; ◎ 车道控制器:由 I/O 转接板组成,实现 12 路开关量输入,12 路继电输出,光电隔离; ◎ 字符叠加器:每屏可显示 12 行 24 列共 288 个中英文字符
	费额显示器	费额显示器安装于收费车道出口的道侧,可显示车型、金额、余额、汉字信息等,同时具有通行指示、语音提示等功能	◎ 红绿信号灯:DC12V,电流 <1A,红色(圆形),绿色(箭形); ◎ 数码管显示:9 位 3 寸超高亮度,亮度软件 15 级可调; ◎ 数据通信:RS232 或 RS485 标准接口
	通行灯 TS-0601	通行灯 TS-0601 是专为公路设计的产品,采用超高亮度的发光二极管,安装于收费车道入口的路侧,可以指示车道通行禁止通行、性能稳定,性价比高	◎ 输入电压:AC220V,50Hz; ◎ 通行灯功耗:<10W; ◎ LED 亮度:红色 >1 000mcd,绿色 >2 200mcd; ◎ 报警灯:AC220V/10W 声光报警灯; ◎ 工作温度:-400 ~ 700℃; ◎ 工作湿度:0% ~80%
	TS-0602 雨棚灯	TS-0602 雨棚灯采用超高亮度 LED 像素管,视角 ≥15°;用于收费站,收费车道的开启指示	◎ LED 颜色:绿色,红色; ◎ LED 可视角度:≥ ±15°; ◎ LED 亮度:红色≥1 000mcd,绿色≥2 200mcd; ◎ 像素管 LED 数量:双色 6 红 3 绿,单色 6 红或 3 绿
	TS-0603 雾灯	TS-0603 雾灯采用超高亮度 LED,高密度排列,视角≥15°;其具有极强的浓雾穿透能力,发光波长为 590nm;可用于收费岛头、雾区路侧	◎ LED 颜色:黄色; ◎ LED 可视角度:≥ ±15°; ◎ LED 亮度:≥800mcd; ◎ 闪烁频率:60 次/min; ◎ 工作温度:-40 ~ 65℃; ◎ 使用电压范围:AC200 ~ 240V 50Hz
	电动栏杆	主控器采用高可靠性微处理器设计制作,其核心技术是采用专门设计的 AC220V 特种转矩电机	◎ 电源频率:50/60Hz; ◎ 电机额定转矩:20N · m; ◎ 标准挡杆长度:3.00m; ◎ 运行噪声:≤60dB

3. GPS 与网络通讯实训室

GPS 与网络通讯实训室拥有 GPS 导航系统、GPS 监控车机、行车警示器等智能车载系统、GPS 实训平台和 ArcGIS 地理信息系统，可满足学生熟悉各种 GPS 设备的原理、掌握安装使用、添加车机、监控、制作电子地图等实训的需要。具体如下：

实训室主要功能	实训室主要设备	适 用 专 业	可承担课程	位置
该实训室可承接 GPS 的安装、GPS 设备的模拟操作、GPS 监控、GPS 导航、GPS 防盗、GPS 调度、GIS 电子地图制作等项目实训	GPS 手持设备、GPS 车机、行车警示器、GPS 管理软件系统、GPS 教学平台、ARCGIS 电子地图软件、S3550、S2126、RSR – 10、R1762、R2501、R2624、高性能服务器、计算机等	交通安全与智能控制专业、计算机网络技术专业、网络系统管理专业	GPS 应用、监控系统集成与维护、电子地图制作、计算机网络基础、网络设备	12-501

下图为交通安全与智能控制专业学生练习拆装 GPS 车机和监控系统软件图示。

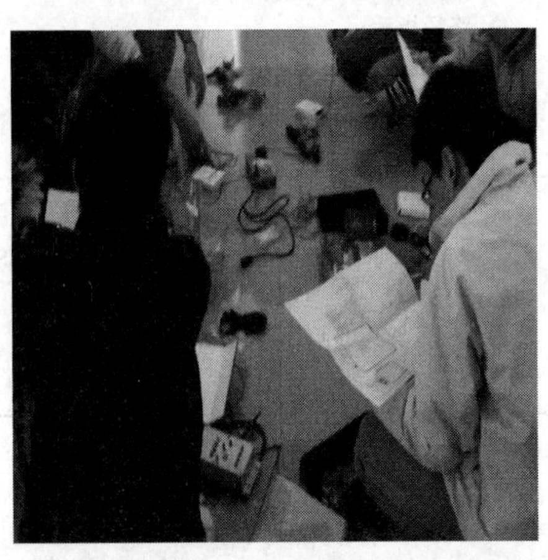

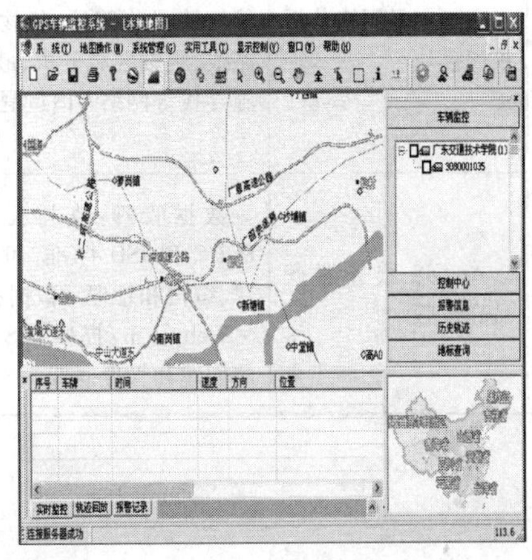

GPS 与网络通讯实训室主要功能如下：

序号	设 备 名 称	设 备 简 介	主 要 特 点
1	蓝牙 GPS 接收数据记录器	Gosget 蓝牙 GPS 接收数据记录器以二合一及符合经济效益的携带式全球定位记录功能为特色	◎ 蓝牙 Bluetooth 接口 GPS 模块； ◎ MTK 芯片； ◎ 定位快速； ◎ 智能灯显示； ◎ 内置 GPS 天线
	GPS 车载导航仪	GPS 车载导航仪具有地图查询、路线规划、语音导航、画面导航、重新规划路线等功能	◎ 4.3 英寸 1670 万色高清晰显示； ◎ 用外置扩展 SD/MMC 卡来存储数据及导航软件； ◎ 具有按键和触摸屏两种操作方式； ◎ 内置 GPS 接收天线
	行车警示器	行车警示器具有卫星坐标定位、全频数位语音播报、电子罗盘方位提示等功能	◎ 全频雷达接收； ◎ 超强第 IV 代高感度 GPS 芯片，定位快速，安装方便； ◎ 数据最新、最全，网络覆盖全国城乡道路，准确无误；升级简单、方便、快捷； ◎ 存储容量大，可扩充性强

续上表

序号	设备名称	设备简介	主要特点
2	ArcGIS 桌面产品主模块高级版	具有数据编辑、数据转换、数据输出、动画显示、高级制图、拓扑管理等功能	◎ 方便灵活的数据编辑工具； ◎ 支持 Geotif, Edas Image 和 jpg2000 影像格式的预览； ◎ 支持数据浏览形式和出图浏览形式的动态切换； ◎ 动画显示：支持二维、三维动画，能实现基于时间轴的动画显示
	桌面产品空间分析扩展模块	提供丰富的空间分析工具集，包括空间叠加分析、临近分析、数据管理工具、数据转换工具等	◎ 支持基于栅格的等值线、坡度、坡向、山影等生成； ◎ 支持栅格和矢量数据之间的转换、栅格数据逻辑查询和代数运算、临域和区域分析、基于像素的地图分析、栅格编辑和噪声清除、栅格分类和制图等； ◎ 支持对 NetCDF 科学多层数据格式的支持
	桌面产品网络分析扩展模块	支持交通网络分析功能，能解答最优路径、货物配送路线、服务区域分析、最近设施寻找等网络 GIS 问题	◎ 驾车时间分析； ◎ 点对点路径选择； ◎ 路径指示； ◎ 确定服务区域； ◎ 最短线路、最佳线路； ◎ 最近设施、原点目标点矩阵
	ArcGIS 服务器产品高级版	数据管理：支持元数据 FGDC 和 ISO 标准，可以创建、编辑和管理元数据； Web 发布：提供 GIS 服务的创建和管理框架	◎ 支持发布各种开放数据格式； ◎ 支持基于 Web 在服务器端实现高级 GIS 分析功能； ◎ 支持动态和静态两种缓存生成技术； ◎ 提供免费的、可定制的三维数字地球客户端

交通安全与智能控制专业课程标准

《GPS原理及应用》课程标准

【课程名称】

GPS原理及应用

【适用专业】

交通安全与智能控制专业

【建议学时】

64

1 前言

1.1 课程的性质

本课程是交通安全与智能控制专业的专业核心课程之一。其对车辆定位导航系统的工作原理以及各种组合方法作了全面的介绍,包括车辆定位导航技术概述和定位精度评价指标,分析了目前应用的各种定位与导航的方法。在卫星导航系统方面,主要叙述了全球定位系统(GPS)的基本定位原理、信号的采集和格式转换、误差模型、GPS罗盘以及俄罗斯的Glonass卫星导航系统;在地图匹配(MM)技术方面,叙述了匹配中使用的电子地图、道路选择算法以及影响匹配精度的各种因素;在基于移动通信的无线定位技术方面,叙述了码分多址(CDMA)在小区中无线定位的可实现性;应用卡尔曼滤波技术,将GPS、DRS、MM等各种方法组合在一起,可使系统的精度和可靠性得到较大的提高。

1.2 设计思路

本课程以就业为导向,是在行业专家对交通安全与智能控制专业所涵盖的岗位群进行任务与职业能力分析的基础上开设的。课程开发采用了校企合作形式,以现实工作任务为基础,采用"一体化"教学模式,将理论教学渗透在实践教学中,在"做中学、学中做"。课程以案例引入教学法的方式进行基础知识模块的学习,以项目引入教学法开展实训,按照GPS应用过程完成实训教学。在对新知识的学习上,打破了以往"先理论后实践"的学习顺序,根据本课程特点制订出"实践与理论并行"的学习方法,即理论和实践交叉进行,用理论来指导实践,用实践来丰富理论。最后通过综合实训,使学生的理论素养和实际动手能力均得到提高,能够了解GPS的原理,并使用GPS进行定位,实现GPS数据测量以及内业处理;帮助学生建立实践意识、合作意识及创新意识,提高学生的实践能力、合作能力、创新能力。

2 课程目标

根据职业教育"以能力为本位、以职业实践为主线、以项目课程为主体的模块化"课程体系,本课程的总目标是"以就业为导向,以学生为主体,以全面促进综合能力培养为中心"。通过本课程的学习,使学生掌握GPS的基本概念、基础知识以及GPS软硬件的基本应用;掌握使用GPS软件进行数据测量及内业处理等职业技能;了解GPS领域最新技术及发展动态;提高实际动手能力,培养创新能力。

职业能力培养目标:

(1)具有熟练使用GPS的能力。

(2)具有GPS数据采集的能力。

(3)具有GPS测量数据处理的能力。

(4)具有GPS车机安装与维护的能力。

(5)具有GPS后台监控与调度的能力。

3 课程内容和要求

序号	工作任务	知识内容与要求	技能内容与要求	参考学时
1	GPS概述	GPS全球定位系统的发展历程以及现代GPS原理的介绍	掌握GPS导航原理	4
2	航迹推算系统	航迹推算原理及关键技术	掌握航迹推算技术	8
3	卫星导航系统原理	卫星导航系统的原理及其技术基础	掌握卫星导航原理	6
4	地图匹配	地图匹配技术原理及其实现方法	掌握地图匹配方法	6
5	组合定位技术	组合定位技术实现原理及方法	掌握组合定位技术原理	6
6	GPS定位基本方法	GPS定位基本原理和实现方法	掌握GPS定位基本方法	8
7	GPS定位误差分析	GPS定位技术的误差分析方法及原理	掌握GPS定位误差分析方法	4
8	GPS定位技术设计	GPS定位技术设计原理和方法	掌握GPS定位技术设计原理	6
9	GPS定位外业实施	GPS定位外业操作实习	掌握GPS定位外业技术	6
10	GPS测量数据处理	GPS测量数据后续处理方法和原理	掌握GPS测量数据后续处理方法	10

4 实施建议

4.1 教材选用

在教材的选用上,要选用高职高专任务驱动模式教材,教材要充分体现项目课程设计思想,以任务为载体实施教学,任务选取必须科学、符合本课程的工作逻辑、能形成体系,让学生在完成项目的过程中掌握知识并提高职业能力,同时要考虑可操作性和实用性。教材内容要反映出当前地理信息系统领域的新技术、新方法及新的应用。

4.2 教学建议

GPS原理及应用是一门理论性较强的课程,需要非常缜密的逻辑思维。可以采用"实践与理论并行"的学习方法,实现"教、学、实践"一体化,采用任务驱动的教学方法。

GPS是一门高新技术，GPS卫星的信号结构、伪距测量、载波相位测量、观测值的线性组合、周跳的探测及修复、整周模糊度的确定等都需要深厚的数学理论背景，这就需要在教学中穿插相关的数学理论知识，而且不要让学生感觉到枯燥乏味，还需要在实际操作中有所体验，理论和实际相联系。

4.3　教学评价

<table>
<tr><td colspan="6">一、过程性评价（满分100，占总评的40%）</td></tr>
<tr><td>序　号</td><td>典型工作任务</td><td colspan="2">评价方式</td><td>评价标准</td><td>分值</td></tr>
<tr><td rowspan="2">1</td><td rowspan="2">GPS航迹推算</td><td>小组互评</td><td>40%</td><td rowspan="20">学习态度；完成阶段性作品的效果、质量；GPS数据获取和处理能力；团队协作能力，交流沟通能力，面对困难和压力解决问题的能力</td><td rowspan="2">10</td></tr>
<tr><td>教师评价</td><td>60%</td></tr>
<tr><td rowspan="2">2</td><td rowspan="2">GPS信号采集</td><td>小组互评</td><td>40%</td><td rowspan="2">10</td></tr>
<tr><td>教师评价</td><td>60%</td></tr>
<tr><td rowspan="2">3</td><td rowspan="2">GPS地图匹配</td><td>小组互评</td><td>40%</td><td rowspan="2">10</td></tr>
<tr><td>教师评价</td><td>60%</td></tr>
<tr><td rowspan="2">4</td><td rowspan="2">GPS定位基本方法</td><td>小组互评</td><td>40%</td><td rowspan="2">10</td></tr>
<tr><td>教师评价</td><td>60%</td></tr>
<tr><td rowspan="2">5</td><td rowspan="2">GPS定位误差分析</td><td>小组互评</td><td>40%</td><td rowspan="2">10</td></tr>
<tr><td>教师评价</td><td>60%</td></tr>
<tr><td rowspan="2">6</td><td rowspan="2">GPS定位技术设计</td><td>小组互评</td><td>40%</td><td rowspan="2">10</td></tr>
<tr><td>教师评价</td><td>60%</td></tr>
<tr><td rowspan="2">7</td><td rowspan="2">GPS定位外业实施</td><td>小组互评</td><td>40%</td><td rowspan="2">10</td></tr>
<tr><td>教师评价</td><td>60%</td></tr>
<tr><td rowspan="2">8</td><td rowspan="2">GPS测量数据处理A</td><td>小组互评</td><td>40%</td><td rowspan="2">10</td></tr>
<tr><td>教师评价</td><td>60%</td></tr>
<tr><td rowspan="2">9</td><td rowspan="2">GPS测量数据处理B</td><td>小组互评</td><td>40%</td><td rowspan="2">10</td></tr>
<tr><td>教师评价</td><td>60%</td></tr>
<tr><td rowspan="2">10</td><td rowspan="2">GPS测量数据处理C</td><td>小组互评</td><td>40%</td><td rowspan="2">10</td></tr>
<tr><td>教师评价</td><td>60%</td></tr>
<tr><td colspan="5">满　　分</td><td>100</td></tr>
<tr><td colspan="6">二、GPS地图制作（满分100，占总评的30%）</td></tr>
<tr><td colspan="5">评价内容</td><td>分值</td></tr>
<tr><td colspan="5">地图准确性</td><td>100</td></tr>
<tr><td colspan="6">三、考试（满分100，占总评的30%）</td></tr>
<tr><td colspan="6">备注：总评＝过程性评价×40%＋GPS地图制作×30%＋考试×30%</td></tr>
</table>

4.4　课程资源的开发与利用

(1)多媒体课件；

(2)软件光盘；

(3)优秀学习网站。

4.5　其他说明

本课程标准适用于高职院校交通安全与智能控制专业。

《Protel 电路的设计》课程标准

【课程名称】

Protel 电路的设计

【适用专业】

交通安全与智能控制专业

【建议学时】

36

1 前言

1.1 课程的性质

本课程是交通安全与智能控制专业的专业基础课之一，它以 Protel 99 为基础，将电子线路图设计成标准的电子文档原理图，是为培养智能交通机电设备专业技术人才而开设。本课程以典型项目和工作任务为载体，教授学生交通机电设备设计方面的知识和技能，是培养专业技能的重要课程，为学生参加专业实践和毕业后从事本专业工作奠定基础。

本课程的先修课程包括电工电子技术、道路交通控制技术、高速公路机电系统、单片机原理与应用等，是"公路收费与监控员"考证的基础，同时为毕业设计和顶岗实习打基础。通过本课程的学习，学生应达到交通运输部"交通监控与收费员资格"相应的知识与技能要求。

1.2 设计思路

本课程以本专业人才培养目标为标准，以行业职业资格标准为指导，以就业为导向，以监控系统集成、操作、维护管理专业技能为培养目标，以"系统组成模块和系统设计工艺流程"为依据，确定课程教学内容和顺序及其对应的学时。通过本课程的学习，使学生掌握原理图、网络表、PCB 图以及三者的相互关系，能够熟练地画出原理图，生成网络表，并将网络表装入 PCB 图中，或者直接进入 PCB 图的制作。学生能够根据不同的要求设计线路板，并能满足电气的工艺要求。

以印制电路板设计相关知识和技能为主线，介绍电子设计软件的基本功能和操作方法。适当结合生产实际（企业设计规范）和相关标准（国家和行业），以项目为教学单元，讲授内容应适合高等职业学校学生的理解能力，以基本知识、基本技能为主，不涉及印制电路板设计中专业性较强的内容。基本知识应占 80% 左右，稍有提高的内容占 20%。考虑到教学的方便，以项目为单元，每个项目突出若干知识点和软件操作技能，完成一个小的交通系统设计电路项目。本课程采取"理实一体"教学方式，全部课程在实训室完成，将理论知识的讲授穿插在做项目的过程中。通过在实训室做子任务的设计，做到"教、学、做"合一。通过练习典型的交通设计流程来培养学生的技能。

2 课程目标

本课程的总体目标是培养学生在交通机电设备设计领域的核心技能，对专业目标的培养起到坚实的支撑作用。

职业能力培养目标：

(1)掌握电气制图的基本要求和方法。

(2)认识常用的电气图形符号,并能和实物相对应。
(3)绘制符合国标要求的电气图形符号。
(4)了解印制电路板的基本概念和相关知识。
(5)根据元件说明书或外形图纸建立元件封装库。
(6)能理解和应用基本的印制电路板设计规范。
(7)能设计简单的单面和双面印制电路板。
(8)能大致看懂软件生成的各种报表。

3 课程内容和要求

序号	工作任务	知识内容与要求	技能内容与要求	参考学时
1	电气制图的基本概念	◎ 了解电气制图的基本规则和电气图形符号; ◎ 电气制图基础知识,电气制图国家标准	◎ 能用手工绘制简单的电路图,熟悉制图标准和工艺; ◎ 用 Protel 绘制简单的电路图	4
2	绘制原理图	◎ 掌握电路图绘制的基本操作;添加元件到图纸,激活元件,编辑元件属性,删除元件,移动、旋转、翻转元件,绘电气连接线,排列对象; ◎ 修改电气图形符号的属性(元件的标号、参数和封装); ◎ 非电气图形绘制,对象层叠放置的调整	◎ 掌握电路图绘制的基本操作; ◎ 能修改电气图形符号的属性; ◎ 非电气图形绘制,对系统做标注	4
3	生成 SCH 报表	导出并读识 SCH 相关报表:Protel 网络表,元器件列表,元器件交叉参考表,项目层次列表	◎ 能按要求设置参数,正确生成各报表; ◎ 理解并解释表中各参数的意义	4
4	印制电路板和元件封装基础知识	◎ 理解印制电路板的基本构成:印制电路板的作用,物理结构,焊盘,走线,过孔,覆铜,阻焊层,字符(丝印层),以及印制电路板的设计流程; ◎ 了解电子元件封装基本知识:元件 THT 封装,元件 SMT 封装	◎ 能对照印制板实物和 PCB 设计图面的图形; ◎ 理解这些图元在实际工作中的作用,能正确判断常见的 THT 和 SMT 元件	4
5	基本布线规则应用	◎ 指定 PCB 规则的对象和 PCB 规则; ◎ PCB 规则对象(板,层,区域,元件和元件类,网络和网络类,连接和连接类,焊盘和焊盘规格等); ◎ PCB 规则(走线层,安全间距,走线宽度,过孔直径,网络拓扑,布线优先级等)	◎ 能根据电路原理图和电路的要求建立网络类和元件类; ◎ 按要求对指定的范围设置布线规则	4
6	PCB 板特殊处理	PCB 板特殊对象处理:总线布线,覆铜,灌铜,包地,泪滴,测试点,添加无网络焊盘,生成跳线焊盘对,差分对线,定长走线,折叠线等	掌握 PCB 板的特殊处理方法	4

续上表

序号	工 作 任 务	知识内容与要求	技能内容与要求	参考学时
7	网络表编，校核，PCB设计规则检查和报告	◎ 综合校核PCB设计，生成并读识PCB的主要报告：两种PCB网络和电路网络的核对方式（飞线网络和走线网络）； ◎ 交叉探查，PCB设计规则检查（在线设计规则，设计规则冲突），核查主要的PCB设计规则，印制电路板信息，板载元件清单，网络表状态	◎ 能按要求设置参数，正确生成各报表； ◎ 理解并解释表中各参数的意义，特别是能熟练地校核PCB和SCH网络表	4
8	综合设计	◎ 综合运用各种知识，按工业要求设计PCB； ◎ 形成完整的文档	◎ 能按PCB设计标准和工厂规范设计PCB； ◎ 撰写完整的文档	8

4 实施建议

4.1 教材编写

（1）需依据本课程标准编写教材和实训教材，教材应充分体现课程的设计思想，突出职业能力培养的思路。

（2）按PCB制作流程的工作任务，依次排列学习项目，项目中所要学习的工作任务可以是交叉与重复的。

（3）教材的各项目通常应包括以下几项内容：教学目标；工作任务；实践操作（相关实践知识）；问题探究（相关理论知识）；知识拓展（选学内容）；英语词汇索引和解释；实训与练习。

（4）工作任务通常应包括以下内容：工作任务名称；工作任务背景；项目训练载体；技能训练目标；学习环境要求。

（5）教材中的活动设计的内容要具体，并具有可操作性。

（6）教材应图文并茂，引用图表要清晰精美；语言表述应深入浅出、文字精练。

（7）教材应由学校教师与企业工程师共同编写。

4.2 教学建议

（1）宜以国家劳动管理部门职业技能鉴定中心的Protel绘图员级试题要求组织教学，使教学和考级考证结合起来。

（2）机房操作宜单人单机，安装网络管理软件，便于教师演示和指导学生操作。

4.3 教学评价

教学评价采用过程性评价和终结性评价相结合的方式。

<table>
<tr><td colspan="6">一、过程性评价（满分100，占总评的70%）</td></tr>
<tr><td>序号</td><td>典型工作任务</td><td colspan="2">评价方式</td><td>评价标准</td><td>分值</td></tr>
<tr><td rowspan="2">1</td><td rowspan="2">电气制图的基本概念</td><td>小组互评</td><td>40%</td><td rowspan="6">评价学生的学习态度，完成典型工作任务的执行情况，完成典型工作任务的效果和质量，劳动精神，团队协作能力，交流沟通能力，面对困难和压力解决问题的能力</td><td rowspan="2">10</td></tr>
<tr><td>教师评价</td><td>60%</td></tr>
<tr><td rowspan="2">2</td><td rowspan="2">绘制原理图</td><td>小组互评</td><td>40%</td><td rowspan="2">15</td></tr>
<tr><td>教师评价</td><td>60%</td></tr>
<tr><td rowspan="2">3</td><td rowspan="2">生成SCH报表</td><td>小组互评</td><td>40%</td><td rowspan="2">10</td></tr>
<tr><td>教师评价</td><td>60%</td></tr>
</table>

续上表

序号	典型工作任务	评价方式		评价标准	分值
4	印制电路板和元件封装基础知识	小组互评	40%	评价学生的学习态度，完成典型工作任务的执行情况，完成典型工作任务的效果和质量，劳动精神，团队协作能力，交流沟通能力，面对困难和压力解决问题的能力	10
		教师评价	60%		
5	基本布线规则应用	小组互评	40%		10
		教师评价	60%		
6	PCB 板特殊处理	小组互评	40%		15
		教师评价	60%		
7	网络表编，校核，PCB 设计规则检查和报告	小组互评	40%		10
		教师评价	60%		
8	综合设计	小组互评	40%		20
		教师评价	60%		
满分					100

二、终结性评价（满分 100，占总评的 30%）

序号	评价内容	评价方式	分值
1	原理图的设计及制作等	开卷	50
2	PCB 的生成及特殊处理等	开卷	50
满分			100

备注：总评 = 过程性评价 ×70% + 终结性评价 ×30%

4.4 课程资源的开发与利用

(1)配套开发实训指导书和操作步骤视频。

(2)积极开发和利用网络教学资源：课程标准、实训指导书、授课计划等教学文件、课件、习题、案例库。

(3)建立互动交流网络平台。

4.5 其他说明

本课程标准适用于高职院校交通安全与智能控制专业。

《单片机技术应用》课程标准

【课程名称】

单片机技术应用

【适用专业】

交通安全与智能控制专业

【建议学时】

90

1 前言

1.1 课程的性质

本课程是交通安全与智能控制专业的专业基础课程之一，其主要是以 80C51 系列单片机为主体，详细叙述单片机工作原理和应用方面的知识，内容包括单片机结构、定时、计数、中断、串口、指令系统、典型接口器件等。

单片机是一门面向应用的、具有很强的实践性与综合性的课程，它可以充分体现学生利用自己所掌握的知识解决实际工程问题的能力，在交通机电类的专业课程中经常要用到单片机知识。单片机知识在机电类专业整个课程体系中处于承上启下的核心地位，一般交通机电系统和智能仪器仪表往往要用到单片机与接口技术，很多学生做毕业设计时都会用到单片机。单片机与接口技术是现代电子信息类、自动化类等专业学生必须掌握的一项专业技术。通过对本课程各环节内容的学习、理解、实践，使学生掌握本专业岗位所需要的单片机应用系统的初步设计方法，具备编程能力和接口电路的应用分析能力，掌握正确安装和调试单片机系统的技能。学会针对不同的应用要求，选择最适宜的单片机，并能够设计、安装、调试接口电路、应用程序。同时，为后续课程的学习及今后的工作打下必要的基础。

本门课程的先修课程包括电工电子技术、C 语言程序设计，计算机基础等，是监控系统集成与维护、收费系统操作实务、GPS 原理与应用、Protel 电路设计等课程的基础课程。通过本课程的学习，学生应达到交通运输部“交通监控与收费员资格”相应的知识与技能要求。

1.2 设计思路

由于该课程是智能交通类专业的专业基础课，所以在内容上要体现为专业服务，为后续课程打基础。

本课程以单片机内部资源的功能使用和程序设计为基础，以任务问题或应用实例为先导，以接口电路及相关程序设计为主线，以应用能力培养为核心，确保教学内容的合理性、实用性和先进性。

课程内容模块：单片机芯片认识模块；最小应用系统模块（I/O 端口与引脚的基本使用和程序设计）；内部资源模块（中断系统与定时计数器、串行通信技术）；单片机的系统扩展模块（显示、键盘、并行和串行总线扩展）；模拟量通道接口技术模块（A/D 和 D/A 芯片与接口）；交通系统设计模块（方法、举例）。

选用 80C51 为内核、典型的 89 系列单片机进行学习，接口芯片在保持经典内容的基础上，引入新型的芯片与内容，删除过时的和不常用的芯片内容。如系统扩展部分删除了已经不常用的程序存储器扩展内容，增加了 I2C、串行总线扩展内容；定时计数器部分删除了方式 0 和方式 3 的内容；A/D 和 D/A 部分在保持 0809 和 0832 内容的基础上，简单介绍了串行数据输出或输入的 A/D 和 D/A 转换器等内容。在课程设计和毕业设计阶段，部分题目内容采用 C51 程序设计实现。

知识内容采用模块化的形式，各模块知识内容采取任务驱动的方式展开，结合任务问题或实例讲原理、讲设计、讲实现。由任务或应用举例入手引入相关的概念、知识和原理，通过试验与技能训练加强相关概念、原理、软硬件设计与调试方法的理解和掌握，体现"做中学、学中练"的教学思路。任务问题或实例涵盖知识点，通过知识点展开教学内容。理论知识和应用实例相辅相成，理论知识直观，容易接受和理解。

2 课程目标

总体目标：通过对本课程各环节内容的学习、理解、实践，使学生掌握本专业岗位所需要的单片机应用系统的初步设计方法，具备编程能力和接口电路的应用分析能力，掌握正确安装和调试单片机系统的技能。同时，为后续课程的学习及今后的工作打下必要的基础。

职业能力培养目标：

(1)建立从芯片到系统到应用的思想。

(2)掌握好单片机内部资源使用和接口电路的设计、调试方法。

(3)学会应用一种程序设计方法与仿真工具的使用方法(Keil)。

(4)学会读时序图，并能根据时序图编写程序。

(5)学会在线调试程序和下载程序。

3 课程内容和要求

序号	工 作 任 务	知识内容与要求	技能内容与要求	参考学时
1	单片机芯片的认识与理解	◎ 单片机应用系统的形式与规模； ◎ 单片机的概念与特点； ◎ 单片机的应用领域； ◎ 单片机的发展与种类型号	◎ 能描述单片机应用系统的形式； ◎ 能了解单片机系统的特点； ◎ 能说出交通系统中单片机的应用范围； ◎ 能编程序驱动 LED	4
2	单片机的最小系统与存储器资源	◎ 单片机最小系统的构成； ◎ 单片机的内部结构； ◎ 单片机的存储体系结构； ◎ 系统开发的软件环境与硬件工具	◎ 能设计单片机最小系统； ◎ 能理解单片机的内部结构及存储结构； ◎ 能对延时程序进行分析； ◎ 能使用软件编写程序并实现硬件仿真	16
3	最小应用系统	◎ 8 个发光二极管的流水灯控制； ◎ I/O 端口的结构与基本使用； ◎ 典型问题的程序设计； ◎ 汇编语言程序设计基础； ◎ 典型应用程序设计调试	◎ 能利用软件编写程序控制 8 位 LED； ◎ 能实现试验箱 8 位 LED 的流水灯、跑马灯等操作； ◎ 能进行硬件系统在线仿真调试	12

续上表

序号	工作任务	知识内容与要求	技能内容与要求	参考学时
4	内部资源（中断系统与定时计数器、串行通信技术）	◎ 中断系统及应用； ◎ 定时、计数器； ◎ 串行口及应用	◎ 能编程实现带中断的彩灯控制系统； ◎ 定时器实现交通灯控制问题； ◎ 能实现单片机与 PC 机的串口通信	16
5	显示、键盘	◎ LED 显示器结构与原理； ◎ 多位 LED 显示器的构成； ◎ LED 点阵显示和与单片机的接口； ◎ 按键和键盘分类； ◎ 按键的去抖； ◎ 独立式键盘接口电路与程序设计； ◎ 矩阵式键盘接口电路与程序设计	◎ 能设计 LED 显示器与单片机的接口电路； ◎ 能编程实现对 LED 显示器的驱动与显示； ◎ 设计按键电路； ◎ 利用按键对 LED 显示器进行控制	10
6	单片机的系统扩展（并行和串行总线扩展）	◎ 并行总线的扩展； ◎ 单片机系统扩展的实现； ◎ 总线的驱动； ◎ 简单并行输入/输出口的扩展； ◎ 并行数据存储器的扩展	◎ 能设计实现并行总线的扩展方案； ◎ 能设计串行总线的扩展电路； ◎ 能实现单片机存储器的扩展	8
7	模拟量通道接口技术（A/D 和 D/A 芯片与接口）	◎ 模拟量通道接口应用举例； ◎ A/D 转换器及其与单片机的接口； ◎ D/A 转换器 DAC0832 及其与单片机的接口	◎ 能设计 A/D、D/A 与单片机的接口电路； ◎ 能编写程序、在线调试实现单片机系统的 A/D、D/A 转换； ◎ 能理解 A/D、D/A 转换参数的意义	8
8	单片机交通系统设计	◎ 单片机应用系统设计过程； ◎ 单片机应用系统设计的基本原则； ◎ 系统可靠性设计； ◎ 开关器件驱动与隔离接口； ◎ 交通信号机及检测器的设计	◎ 能理解单片机设计的过程； ◎ 掌握可靠性设计的方法； ◎ 掌握设计的原则； ◎ 实现对继电器的控制； ◎ 设计出简单的交通信号机及检测器	16

4 实施建议

4.1 教材编写

（1）需依据本课程标准编写教材，教材应充分体现课程的设计思想，突出职业能力培养的思路。

（2）按照单片机系统应用中涉及的工作任务依次排列学习项目，项目中所要学习的工作任务可以是交叉与重复的。

（3）教材的各项目通常应包括以下几项内容：教学目标、工作任务、实践操作（相关实践知识）、问题探究（相关理论知识）、知识拓展（选学内容）、英语词汇索引和解释、实训与练习。

（4）工作任务通常应包括：工作任务名称、工作任务背景、项目训练载体、技能训练目标、学习环境要求。

(5)教材中的活动设计的内容要具体,并具有可操作性。

(6)教材应图文并茂,引用图表要清晰精美;语言表述应深入浅出、文字精练。

(7)教材应由学校教师与企业工程师共同编写。

4.2 教学建议

(1)注重实训教学。课程实训是提高学生单片机技术应用能力以及文字总结能力的综合训练环节。学生应根据任务书的要求完成单片机应用系统的硬件设计和程序设计,完成软硬件调试。

分组安排课程实训,指导教师出一些典型题目,并加以指导。课程实训结束时,要验收、写实训报告、答辩、单独评定成绩。在完成课程实训内容要求的同时,结合课程实训题目内容,补充一些课内因学时不足没有讲到的内容。在课程实训环节里,应满足如下要求:①选题能够充分训练学生单片机技术的应用能力,符合课程教学目标与专业岗位要求。②教师用心指导,保证指导时间。③课程实训要求明确,即强调五个方面:一是要强调设计的方法和过程,学生的设计内容肯定有不正确的地方,但主要是学习设计方法;二是要强调设计的完整性和实用性,题目可以小些,但要有完整的设计内容,根据设计任务书的要求设计出硬件电路原理图、印刷线路版图、应用程序,进行电路焊接、仿真调试硬件、软件,最后完成设计要求,实现设计功能;对于工作量不足的题目,可以增加题目数量;学生设计出的系统应尽可能贴近生活和生产实际,这样能够加强对学生工程应用思维方式的训练;三是要强调学生动手实践能力的培养,使学生会调试电路和程序;四是要强调课程设计说明书的规范,这是作为一名工程技术人员所必须具备的文字总结能力;五是要强调因材施教,对学有余力且对单片机课程内容感兴趣的同学,在满足上述要求的基础上,组织他们选做一些真实性题目,给这部分学生更多的锻炼机会。

(2)教师指导下的课外实践活动部分。积极鼓励学生参加课外实践活动小组及电子设计竞赛等活动,进一步调动学生学习的积极性和兴趣,培养学生的创新精神和实践能力。

4.3 教学评价

教学评价采用过程性评价和终结性评价相结合的方式。

一、过程性评价(满分100,占总评的50%)					
序号	典型工作任务	评价方式		评价标准	分值
1	单片机芯片的认识与理解	小组互评	40%	评价学生的学习态度,完成典型工作任务的执行情况,完成典型工作任务的效果和质量,劳动精神,团队协作能力,交流沟通能力,面对困难和压力解决问题的能力	10
		教师评价	60%		
2	单片机的最小系统与存储器资源	小组互评	40%		15
		教师评价	60%		
3	最小应用系统	小组互评	40%		10
		教师评价	60%		
4	内部资源(中断系统与定时计数器、串行通信技术)	小组互评	40%		15
		教师评价	60%		
5	显示、键盘	小组互评	40%		15
		教师评价	60%		

续上表

序号	典型工作任务	评价方式		评价标准	分值
6	单片机的系统扩展（并行和串行总线扩展）	小组互评	40%	评价学生的学习态度，完成典型工作任务的执行情况，完成典型工作任务的效果和质量，劳动精神，团队协作能力，交流沟通能力，面对困难和压力解决问题的能力	10
		教师评价	60%		
7	模拟量通道接口技术（A/D和D/A芯片与接口）	小组互评	40%		15
		教师评价	60%		
8	单片机交通系统设计	小组互评	40%		10
		教师评价	60%		
满　分					100

二、终结性评价（满分100，占总评的50%）

序号	评价内容	评价方式	分值
1	单片机接口电路及内部结构等	开卷	50
2	交通信号机及检测器设计等	开卷	50
满　分			100

备注：总评 = 过程性评价 ×50% + 终结性评价 ×50%

4.4　课程资源的开发与利用

(1)配套开发实训指导书和操作步骤视频。

(2)积极开发和利用网络教学资源:课程标准、实训指导书、授课计划等教学文件、课件、习题、案例库。

(3)建立互动交流网络平台。

4.5　其他说明

本课程标准适用于高职院校交通安全与智能控制专业。

《道路交通安全管理》课程标准

【课程名称】

道路交通安全管理

【适用专业】

交通安全与智能控制专业

【建议学时】

54

1 前言

1.1 课程的性质

本课程是交通安全与智能控制专业的专业限选课程之一,其目的是使学生掌握道路交通安全管理各个方面的技术知识,包括道路交通管理概述、道路交通管理的任务和原则、车辆和驾驶员管理、道路交通秩序管理、道路交通违法行为处罚、道路交通事故处理、道路交通安全宣传教育等内容。本课程在引用最基本的公安法规和规范性文件的基础上,详细介绍了公安交通管理的基础工作及各专项业务之间的内在联系,阐述了道路交通管理工作的基本理论,使公安交通管理的实际工作与道路交通管理理论紧密结合。本课程具有基础性、前沿性和实用性的特点。

1.2 设计思路

随着我国经济的发展,汽车保有量的不断增加,特别是私人小汽车的快速增长,使得交通问题越来越突出,传统的道路交通管理方法和手段已经不能适应新的交通形势,因此必须运用系统理论作指导,采用科学的管理方法开展新形势下的交通管理工作。"道路交通安全管理"课程就是基于这样的认识,运用系统的观点,深刻揭示道路交通秩序管理、道路交通事故处理、车辆和驾驶员管理等交通管理业务之间的内在联系,详细介绍各单项业务流程,将道路交通管理工作的脉络清晰展现在学生面前,使学生对整个道路交通管理工作有一个全面的认识。

本课程采用工学结合的教学方法,根据道路交通安全管理过程职业能力培养需要,以典型工作任务为载体,选择与设计教学内容,创建全真工作场景的校内实训环境,以工作过程为导向开发实训教学项目,同时改革教学组织形式与考核方式,实现"以学生为主体"的组织式学习和自主式学习多种学习过程,确保学生在学习过程中积累职业知识和技能。

本课程教学内容包括道路交通管理概述、道路交通管理的任务和原则、车辆和驾驶员管理、道路交通秩序管理、道路交通违法行为处罚、道路交通事故处理、道路交通安全宣传教育等内容。

为了更清楚地表述课程目标,提高课程目标对教学过程的指导价值,本课程采用表现性课程目标表达方法,分为四个层级,其中知识要求为三个层级,即"了解"(陈述性知识,一般掌握)、"熟悉"(陈述性知识,熟练记忆)、"理解"(程序性知识,能把握内涵),技能要求为一个层级,其基本格式为"能(会)+程度用语+动词+对象"。本课程所涉及的程度用语主要有"熟练"、"准确"、"基本"。"熟练"指能在所规定的较短时间内无错误地完成任务;"准确"指没有任何错误;"基本"指在没有时间要求的情况下,不经过旁人提示,能无错误地完成任务。

本课程融合了交通安全与智能控制专业相应的知识与技能要求,教学效果评价采取过程评价与终结性评价相结合的方式,通过理论与实践相结合,重点评价学生的职业能力。

2 课程目标

通过本课程的学习,使学生系统地了解道路交通管理的基础理论和最新研究成果,以及交通管理工作的运行机制和交通管理工作的核心职业能力;掌握从事交通管理工作的基本技能和从事交通管理工作的基本方法,对交通管理工作中的基本内容、组织机构设置、交通安全宣传以及各业务部门之间的联系有全面深刻的认识,能够适应新时期道路交通管理工作实践需要。

职业能力培养目标:

(1)掌握道路交通管理业务的各项技能。

(2)熟练运用交通法规制作规范的交通管理法律文书。

(3)掌握使用各种交通管理技术设备开展道路交通管理工作的方法。

(4)查阅资料、手册、行业技术规范的能力。

(5)具备勤劳诚信、善于协作配合、善于沟通交流等职业素养。

3 课程内容和要求

序号	工作任务	知识内容与要求	技能内容与要求	参考学时
1	概述道路交通管理	◎ 了解道路交通管理的基本概念; ◎ 掌握道路交通管理的职能; ◎ 掌握道路交通管理的方法; ◎ 了解道路交通管理的历史沿革和发展趋势	◎ 了解交通、道路交通的概念; ◎ 掌握道路交通管理的概念、内涵、基本内容和基本方法	4
2	认识道路交通管理的基本原则和任务	◎ 掌握道路交通管理的基本原则; ◎ 掌握道路交通管理的任务	◎ 理解进行道路交通管理应遵循的原则; ◎ 掌握道路交通管理的具体任务及相互间的联系	2
3	管理道路交通设施	◎ 了解道路基本知识; ◎ 了解道路交通信号; ◎ 了解道路交通标志; ◎ 了解道路交通标线; ◎ 掌握交通设施的设置方法	能对交通设施进行设置	4
4	管理车辆和驾驶员	◎ 掌握机动车管理; ◎ 掌握驾驶员管理; ◎ 掌握非机动车管理	◎ 了解车辆号牌的种类、驾驶员的标准; ◎ 能够对机动车及驾驶员的档案进行管理	8
5	管理道路交通秩序	◎ 掌握机动车交通秩序管理; ◎ 掌握非机动车交通秩序管理; ◎ 掌握行人和候车、乘车人交通秩序管理; ◎ 掌握道路交通组织; ◎ 了解特殊情况下的交通秩序管理	◎ 熟练掌握道路交通秩序、道路交通秩序管理、道路交通组织的概念; ◎ 熟练掌握道路交通组织的原则及其具体运用; ◎ 掌握道路交通秩序管理的方法和要求; ◎ 了解道路交通秩序管理的特点	4

续上表

序号	工作任务	知识内容与要求	技能内容与要求	参考学时
6	设计道路交通组织	◎ 掌握道路交通组织概述； ◎ 掌握道路交通分离； ◎ 掌握道路交通流量均分； ◎ 掌握道路交通总量控制； ◎ 掌握道路交通连续	◎ 了解道路交通组织的作用及其解决的主要问题； ◎ 掌握交通组织的分类及其基本措施； ◎ 熟练掌握道路交通分离的具体方法、时间性道路交通流量均分的方法、空间性道路交通流量均分的方法、道路交通连续的组织方法、道路交通总量控制的措施	6
7	认识道路交通安全违法行为处罚	◎ 了解道路交通安全违法行为概述； ◎ 掌握道路交通安全违法行为处罚的基本原则； ◎ 掌握道路交通安全违法行为处罚的法律适用； ◎ 掌握道路交通安全违法行为处理程序； ◎ 掌握道路交通违法处理与行政复议和行政诉讼	◎ 掌握道路交通安全违法行为的概念、特征和构成要件； ◎ 了解道路交通安全违法行为的危害、意义和基本原则； ◎ 熟练掌握道路交通安全违法行为处罚的种类、法律依据、法律适用和处罚的幅度及适用行为； ◎ 熟练掌握道路交通安全违法行为现场处理程序、非现场处理程序、处罚的执行和处理案卷制作	8
8	处理道路交通事故	◎ 了解道路交通事故的概述； ◎ 掌握当事人对道路交通事故现场的处理； ◎ 掌握公安机关交管部门对交通事故现场的处理； ◎ 掌握交通事故的认定； ◎ 掌握交通事故损害赔偿调解	◎ 正确理解交通事故的概念，了解交通事故现场的分类； ◎ 掌握交通事故现场图的画法，能够进行现场照相和现场痕迹物证的提取，能够独立进行交通事故认定和损害赔偿调解	8
9	宣传教育道路交通安全	◎ 了解道路交通安全宣传教育的目的与意义； ◎ 了解道路交通安全宣传教育的特点与要求； ◎ 掌握道路交通安全宣传教育的基本方法； ◎ 了解道路交通安全宣传教育的实施	◎ 了解交通安全宣传教育的目的、意义； ◎ 掌握交通安全宣传教育的特点和方法，能够针对不同的群体组织交通安全宣传教育活动	4
10	认识交通管理与现代科技	◎ 了解交通管理与控制； ◎ 了解智能交通系统； ◎ 了解 GPS 与 GIS 技术； ◎ 了解道路交通控制指挥中心的构成	◎ 了解现代科技对交通管理的技术支持； ◎ 了解 ITS 技术的发展，展望交通管理的发展	6

4 实施建议

4.1 教材选用

(1)需依据本课程标准选用教材,教材应充分体现实用性,突出学生职业能力的培养。

(2)教材通常应包括以下几项内容:教学目标、工作任务、实践操作(相关实践知识)、问题探究(相关理论知识)、知识拓展(选学内容)、英语词汇索引和解释、实训与练习。

(3)教材中的活动设计的内容要具体,并具有可操作性。

(4)教材内容应体现先进性、通用性、实用性,将最新智能交通标准、主流技术、主流产品及时纳入教材,使教材紧跟行业发展。教材内容应注意规范性,统一使用国家标准《综合布线系统工程设计规范》(GB 50311—2007)和《综合布线系统工程验收规范》(GB 50312—2007)规定的术语、文字、符号,避免产生歧义和误解。

(5)教材应图文并茂,引用图表要清晰精美;语言表述应深入浅出、文字精练。

(6)推荐教材:汤三红,等. 道路交通管理教程(第2版). 中国人民公安大学出版社,2007。

4.2 教学建议

在学习课程的理论知识时,结合视频资料和实际工程案例进行讲解,可以使学生更好地掌握知识,激发学生的学习兴趣和创新思维,培养学生分析问题的能力。

根据课程的特点,在教学中多采用案例教学、示范教学和实物教学等方式。在学习收费系统时,采用实物教学;在教学方法上,采用突出启发式、讨论式、师生互动式等形式,在课堂上注重处理好难点与重点、概念与应用、标准与灵活的关系,做到精讲多练、边讲边练、讲练结合。

教学多与行业企业融合。一是请进来,可以请企业兼职教师完成部分教学任务;二是走出去,到现场教学。

课程在培养职业能力和传授相应知识的同时,必须重视职业道德和职业意识教育的渗透,帮助学生养成良好的个人品格和行为习惯,培养爱岗敬业精神、团队协作精神和创业精神,帮助学生树立质量意识、节约意识、安全意识、环保意识、文明施工等职业意识。

4.3 教学评价

教学评价采用过程性评价和终结性评价相结合的方式。

一、过程性评价(满分100,占总评的70%)					
序号	典型工作任务	评价方式		评价标准	分值
1	认识交通信号	小组互评	40%	评价学生的学习态度,准备工作的完成情况,实训的效果和质量,团队协作能力,交流沟通能力,面对困难和压力解决问题的能力	20
		教师评价	60%		
2	模拟训练车管所业务流程	小组互评	40%		20
		教师评价	60%		
3	调查道路交通安全违法行为	小组互评	40%		20
		教师评价	60%		
4	练习使用测速枪和酒精监测仪	小组互评	40%		20
		教师评价	60%		
5	模拟交通事故现场勘查	小组互评	40%		20
		教师评价	60%		
满分					100

续上表

二、终结性评价（满分 100，占总评的 30%）			
序号	评价内容	评价方式	分值
1	标准、规范、功能、步骤等	开卷	50
2	方案设计题、应用分析题等	开卷	50
满分			100
备注：总评 = 过程性评价 ×70% + 终结性评价 ×30%			

4.4　课程资源的开发与利用

(1)配套开发实训指导书和操作步骤视频。

(2)积极开发和利用网络教学资源：课程标准、实训指导书、授课计划等教学文件、课件、习题、案例库、网络资源导向（链接互联网上的“智能交通网”、“城市交通网”、“智能交通观察者”等专业网站）。

(3)建立互动交流网络平台。

4.5　其他说明

本课程标准适用于高职院校交通安全与智能控制专业。

《道路交通控制技术》课程标准

【课程名称】

道路交通控制技术

【适用专业】

交通安全与智能控制专业

【建议学时】

54

1 前言

1.1 课程的性质

本课程是交通安全与智能控制专业的基础课程,其目标是使学生掌握城市道路中点(单个交叉口)、线(城市主干道)、面(区域协调)的交通信号控制方法及高速公路出入口匝道的信号控制方法。通过本课程的学习,为各后续课程作必要的知识准备。

本门课程分成两部分,第一部分为理论教学部分,主要介绍交通管理与信号控制的基本概念、孤立信号交叉口的配时设计、车辆感应式控制、交通检测器、干道交通的信号协调控制、区域交通协调控制系统、高速公路交通控制;第二部分为实训教学部分,主要完成无信号交叉口仿真、信号交叉口仿真、高速公路控制仿真、干道协调控制仿真、信号机基本功能、对称式交通信号控制方案设置、非对称式交通信号控制方案设置等。

1.2 设计思路

我国是个发展中国家,城市道路交通方面的种种矛盾和问题十分突出,这主要表现在:道路容量不足,汽车增长速度快,交通控制管理水平低,道路基础设施建设不完善,缺乏合理性,缺乏整体性、战略性的交通发展规划,道路交通对环境的污染严重等。由于这些问题,我国某些城市的道路交通对经济的发展产生了一定的制约作用,妨碍了经济的进一步发展。要保证我国经济持续、稳定的发展,城市交通建设必须适应现代化发展的需要,建立高效的道路交通控制与管理体系。道路交通控制技术课程是交通安全与智能控制专业学生学习其他专业课程的前提,因此,道路交通控制技术课程在交通安全与智能控制专业课程体系中具有重要的地位,应作为专业基础课程和必修课程。本课程的主要任务是使学生对交通管理与信号控制有初步的认识,重点掌握点(单个交叉口)、线(城市主干道)、面(区域协调)的交通信号控制方法及高速公路出入口匝道的信号控制方法,为各后续课程作必要的知识准备。

道路交通控制技术课程采用案例教学方法,结合东莞市虎门镇连升路的实际道路情况实施课程教学,通过介绍连升路干道协调控制系统,理解相关理论知识,针对连升路实际交通情况,进行微观交通仿真,使学生在实训过程中更好地理解和掌握点、线、面控制方法。

本课程教学内容分为理论教学和实训教学两大组成部分。这是一个完整的系统工程,它涵盖了本门课程需要学习的所有理论知识。根据城市道路交通控制的组成,把理论教学部分划分为以下 7 个方面的内容:交通管理与信号的基本概念、孤立信号交叉口的配时设计、车辆感应式控制、交通检测器、干道交通的信号协调控制、区域交通协调控制系统、高速公路交通控制。结合理论教学的内容,将实训教学部分划分为以下 7 个方面的内容:无信号交叉口仿真、信号交叉口仿真、高速公路控制仿真、干道协调控制仿真、信号机基本功能、对称式交通信号控制方案设置

制方案设置、非对称式交通信号控制方案设置。

为了更清楚地表述课程目标，提高课程目标对教学过程的指导价值，本课程采用表现性课程目标表达方法，分为四个层级，其中知识要求为三个层级，分为“了解”（陈述性知识，一般掌握）、“熟悉”（陈述性知识，熟练记忆）、“理解”（程序性知识，能把握内涵），技能要求为一个层级，其基本格式为“能（会）+程度用语+动词+对象”。本课程所涉及的程度用语主要有“熟练”、“准确”、“基本”。“熟练”指能在所规定的较短时间内无错误地完成任务；“准确”指没有任何错误；“基本”指在没有时间要求的情况下，不经过旁人提示，能无错误地完成任务。

本课程融合了交通安全与智能控制专业相应的知识与技能要求，教学效果评价采取过程性评价与终结性评价相结合的方式，通过理论与实践相结合，重点评价学生的职业能力。

2 课程目标

通过本课程的学习，学生应了解道路交通控制技术的基本概论、基本理论、基本技术；掌握城市道路中点（单个交叉口）、线（城市主干道）、面（区域协调）的交通信号控制方法及高速公路出入口匝道的信号控制方法。

职业能力培养目标：

（1）能为实际道路交叉口设计信号配时方案。

（2）能利用 Vissim 微观交通仿真软件对交叉口的各种信号配时方案进行比选。

（3）能为城市主干道设计干道协调控制方案。

（4）能利用 Vissim 微观交通仿真软件对干道的各种协调方案进行比选。

（5）了解城市区域协调控制系统的结构组成、基本原理、关键技术及应用情况。

（6）了解高速公路组成、出入口匝道控制方法。

（7）具备勤劳诚信、善于协作配合、善于沟通交流等职业素养。

3 课程内容和要求

序号	工作任务	知识内容与要求	技能内容与要求	参考学时
理论教学部分				
1	认识交通管理与信号的基本概念	◎ 了解城市交叉口导流措施； ◎ 熟悉交叉口控制方式； ◎ 了解交通规则； ◎ 熟悉交叉口交通冲突； ◎ 了解我国交叉口存在的交通问题； ◎ 熟悉交通信号、饱和流量、通行能力、服务水平、相位设计方法； ◎ 了解交通信号控制建立的基本条件； ◎ 了解人行信号灯及人行道	◎ 能根据交叉口实际交通情况及道路几何特征，设计交通导流方案； ◎ 能画出标准十字交叉口的交通冲突分布图； ◎ 能描述交通信号基本参数； ◎ 能描述各种交通性能指标； ◎ 能设计交叉口信号相位方案	6
2	设计孤立信号交叉口的配时方案	◎ 了解车辆在信号交叉口的运行过程； ◎ 熟悉定时控制配时设计； ◎ 了解美国信号配时设计方法； ◎ 熟悉交通信号的早断与滞后； ◎ 了解信号交叉口进口车道的最佳尺寸； ◎ 了解交通流与信号配时的动态关系	◎ 能为虎门连升路各个交叉口设计配时方案； ◎ 能描述交通信号早断与滞后	4

续上表

序号	工作任务	知识内容与要求	技能内容与要求	参考学时
理论教学部分				
3	设计车辆感应式控制	◎ 了解车辆感应控制的发展过程； ◎ 熟悉半感应控制的原理； ◎ 熟悉全感应控制的原理； ◎ 熟悉全感应控制和定时控制适用的条件	◎ 能绘制并描述半感应控制结构图； ◎ 能计算全感应控制和定时控制适用的条件； ◎ 能绘制并描述全感应控制结构图	4
4	操作交通检测器	◎ 了解检测器的技术发展； ◎ 熟悉环形线圈检测器的原理、特点、施工方法； ◎ 熟悉视频检测器的原理、特点、应用情况； ◎ 了解超声波检测器的原理、特点、应用情况； ◎ 了解红外线检测器的原理、特点、应用情况； ◎ 了解各种检测器的区别	◎ 能绘制并描述环形线圈检测器的原理图； ◎ 能描述线圈检测器的施工工艺； ◎ 能描述视频检测器的原理； ◎ 能描述各种检测器的特点	4
5	设计干道交通的信号协调控制方案	◎ 熟悉干道协调控制时距图； ◎ 熟悉干道协调控制的信号配时； ◎ 了解虎门连升路干道协调控制系统	能为虎门连升路设计干道协调配时方案	4
6	操作区域交通协调控制系统	◎ 熟悉信号控制的分类； ◎ 熟悉定时式脱机操作系统 TRANSYT 的基本原理； ◎ 熟悉 TRANSYT 的仿真模型； ◎ 熟悉 TRANSYT 的优化原理与方法； ◎ 熟悉 SCATS 系统的基本原理； ◎ 熟悉 SCATS 系统的参数优化机理； ◎ 熟悉 SCOOT 系统的模型及参数优化方法	◎ 能绘制 TRANSYT 的基本原理图； ◎ 能描述 TRANSYT 的优化原理与方法； ◎ 能绘制 SCSATS 系统的基本原理图； ◎ 能绘制 SCOOT 系统的基本原理图； ◎ 能比较 SCATS、SCOOT 系统的异同点	4
7	设计高速公路交通控制方案	◎ 了解高速公路交通控制的主要内容； ◎ 了解高速公路控制管理系统； ◎ 熟悉高速公路匝道通行能力； ◎ 熟悉出入口匝道控制方法； ◎ 了解高速公路车流空间平均运行速度的计算方法	◎ 能计算高速公路匝道通行能力； ◎ 能设计出入口匝道控制方案	6
实训教学部分				
1	使用 Vissim 微观交通仿真软件	◎ 了解微观交通仿真概念、种类、应用范围； ◎ 熟悉 Vissim 交通仿真软件的菜单与工具栏内容	◎ 能描述 Vissim 仿真软件的菜单分布； ◎ 能描述 Vissim 仿真软件的主要工具的功能	2
2	仿真无信号交叉口	熟悉让路控制、停车让路控制的概念、特点以及两者的区别	◎ 能建立让路控制模型、停车让路控制模型； ◎ 能对让路控制、停车让路控制仿真结果进行分析	2

续上表

序号	工作任务	知识内容与要求	技能内容与要求	参考学时
实训教学部分				
3	仿真信号交叉口	◎ 熟悉交叉口相位设计方法； ◎ 熟悉交叉口信号配时设计方法； ◎ 熟悉交叉口性能评价指标	◎ 能依据连升路虎门大道交叉口几何特征建立交叉口仿真模型； ◎ 能依据连升路虎门大道配时方案模拟仿真交通流运行情况； ◎ 能对仿真结果进行分析； ◎ 能录制交叉口仿真模型视频	6
4	仿真高速公路控制	◎ 熟悉高速公路的路段组成； ◎ 熟悉高速公路出入口匝道控制方法	◎ 能建立高速公路仿真模型； ◎ 能对高速公路仿真模型实施出入口匝道控制	2
5	仿真干道协调控制	◎ 熟悉干道协调控制信号配时设计流程； ◎ 了解虎门连升路干道协调控制方案	◎ 能依据连升路干道仿真模型实施不同的协调控制方案； ◎ 能对各种协调控制方案的仿真结果进行评价	4
6	操作信号机基本功能	◎ 了解交通信号控制机的基本控制参数； ◎ 了解交通信号控制机的 12 种工作状态； ◎ 掌握交通信号控制机的几种主要控制方式及其应用场合	◎ 能指出信号控制机的基本控制参数位置； ◎ 能描述交通信号控制机的 12 种工作状态； ◎ 能描述交通信号控制机的几种主要控制方式及适用场合	2
7	设置对称式交通信号控制方案	◎ 掌握如何将设定好的配时方案表存储在交通信号控制机中； ◎ 掌握如何将设定好的时段方案表存储在交通信号控制机中； ◎ 掌握如何将设定好的特殊日设定表存储在交通信号控制机中； ◎ 熟悉对密码进行设定的正确操作方法，了解特殊日设定中优先序号的含义与作用； ◎ 了解如何根据实际路口特性适当修改信号控制机的相关参数，以适应实际路口信号控制的需要	◎ 能将设定好的配时方案存储在交通信号控制机中； ◎ 能将设定好的时段方案表存储在交通信号控制机中； ◎ 能将设定好的特殊日存储在交通信号控制机中； ◎ 能对密码进行设定	2
8	设置非对称式交通信号控制方案	◎ 掌握如何使用交通信号控制机软件查询与修改其控制参数； ◎ 掌握利用 14 路信号输出，实现非对称式交通信号控制方案时信号机输出与信号灯的连接方法	◎ 能通过交通信号控制机软件实现对信号控制机的完全在线控制和模拟仿真； ◎ 学会利用交通信号控制机软件进行交通信号控制方案的生成与下载； ◎ 能利用 14 路信号输出，实现非对称式交通信号控制方案时信号机输出与信号灯的连接方法	2

4 实施建议

4.1 教材选用

(1)需依据本课程标准选用教材,教材应充分体现实用性,突出对学生职业能力的培养。

(2)教材通常应包括以下几项内容:教学目标、工作任务、实践操作(相关实践知识)、问题探究(相关理论知识)、知识拓展(选学内容)、英语词汇索引和解释、实训与练习。

(3)教材中的活动设计的内容要具体,并具有可操作性。

(4)教材内容应体现先进性、通用性、实用性,将最新智能交通标准、主流技术、主流产品及时纳入教材,使教材紧跟行业发展。应注意教材内容的规范性,统一使用国家标准《综合布线系统工程设计规范》(GB 50311—2007)和《综合布线系统工程验收规范》(GB 50312—2007)规定的术语、文字、符号,避免产生歧义和误解。

(5)教材应图文并茂,引用图表要清晰精美;语言表述应深入浅出、文字精练。

(6)推荐教材:徐建闽.道路交通控制技术.华南理工大学出版社。

4.2 教学建议

(1)在讲授理论知识时,结合视频资料和实际工程案例进行讲解,可以使用学生更好地掌握知识,激发学生的学习兴趣和创新思维,培养学生分析问题的能力。

(2)根据课程的特点,在教学中多采用案例教学、示范教学和实物教学等方式。在学习单点信号控制时,采用实物教学;在教学方法上突出启发式、讨论式、师生互动式等形式,在课堂上注重处理好难点与重点、概念与应用、标准与灵活的关系,做到精讲多练、边讲边练、讲练结合。

(3)教学多与行业企业融合。一是请进来,可以请企业兼职教师完成部分教学任务;二是走出去,到城市典型交叉口现场教学。

(4)课程在培养职业能力和传授相应知识的同时,必须重视职业道德和职业意识教育的渗透,帮助学生养成良好的个人品格和行为习惯,培养爱岗敬业精神、团队协作精神和创业精神,帮助学生树立质量意识、节约意识、安全意识、环保意识、文明施工等意识。

4.3 教学评价

教学评价采用过程性评价和终结性评价相结合的方式。

一、过程性评价(满分100,占总评的70%)					
序号	典型工作任务	评价方式		评价标准	分值
1	仿真无信号交叉口	小组互评	40%	评价学生的学习态度,准备工作的完成情况,辩论的效果和质量,团队协作能力,交流沟通能力,面对困难和压力解决问题的能力	10
		教师评价	60%		
2	仿真信号交叉口	小组互评	40%		40
		教师评价	60%		
3	仿真高速公路控制	小组互评	40%		10
		教师评价	60%		
4	仿真干道协调控制	小组互评	40%		10
		教师评价	60%		
5	操作信号机基本功能	小组互评	40%		10
		教师评价	60%		

续上表

序号	典型工作任务	评价方式		评价标准	分值
6	设置对称式交通信号控制方案	小组互评	40%	评价学生的学习态度，准备工作的完成情况，辩论的效果和质量，团队协作能力，交流沟通能力，面对困难和压力解决问题的能力	10
		教师评价	60%		
7	设置非对称式交通信号控制方案	小组互评	40%		10
		教师评价	60%		
满分					100

二、终结性评价（满分100，占总评的30%）

序号	评价内容	评价方式	分值
1	标准、规范、功能、步骤等	开卷	50
2	方案设计题、应用分析题等	开卷	50
满分			100

备注：总评 = 过程性评价 ×70% + 终结性评价 ×30%

4.4 课程资源的开发与利用

（1）配套开发实训指导书和操作步骤视频。

（2）积极开发和利用网络教学资源：课程标准、实训指导书、授课计划等教学文件、课件、习题、案例库、网络资源导向（链接互联网上的“智能交通网”、“城市交通网”、“智能交通观察者”等专业网站）。

（3）建立互动交流网络平台。

4.5 其他说明

本课程标准适用于高职院校交通安全与智能控制专业。

《地理信息系统设计》课程标准

【课程名称】

地理信息系统设计

【适用专业】

交通安全与智能控制专业

【建议学时】

76

1　前言

1.1　课程的性质

本课程是交通安全与智能控制专业的专业核心课程之一，主要内容是地理信息系统理论以及 ArcGIS 桌面旗舰产品 ArcINFO 软件实践操作。ArcGIS 系列产品是目前 GIS 行业人员广泛使用的工具，它已成为地理信息系统桌面软件的标准，是学生掌握地理信息系统设计的必备工具。通过本课程的学习，使学生熟练掌握地理信息系统的基本理论、知识和技能，了解地理信息系统的主要应用领域和发展方向，为今后在交通、城市、规划、资源和环境管理等领域从事与地理信息系统有关的应用研究、技术开发、生产管理和行政管理奠定理论与技术基础。

1.2　设计思路

本课程以就业为导向，是在行业专家对智能交通专业所涵盖的岗位群进行任务与职业能力分析的基础上开设的。课程开发采用了校企合作形式，以现实工作任务为基础，采用"一体化"教学模式，将理论教学渗透在实践教学中，在"做中学、学中做"。课程以案例引入教学法进行基础知识模块的学习，以项目引入教学法开展实训，按照地理信息系统设计工作过程完成实训教学。新知识的学习打破了以往"先理论后实践"的学习顺序，制订出"实践与理论并行"的学习方法，即理论和实践交叉进行，用理论来指导实践，用实践来丰富理论，使学生能手脑并用，融会贯通。最后通过综合实训，提高学生理论素养和实际动手能力，能够按不同的要求进行地理信息系统操作、地理信息数据处理、电子地图设计、基于地理信息的空间分析、小型地理信息系统的开发与设计等，帮助学生建立实践意识、合作意识及创新意识，提高实践能力、合作能力、创新能力。

2　课程目标

根据职业教育"以能力为本位、以职业实践为主线、以项目课程为主体的模块化"课程体系，本课程的总目标是"以就业为导向，以学生为主体，以全面促进综合能力培养为中心"。通过本课程的学习，使学生掌握 GIS 的基本概念、基础知识以及 ArcINFO 桌面软件的基本应用；掌握使用 ArcINFO 平台进行地理信息数据处理和分析的技能；了解 GIS 领域最新技术及发展动态；提高实际动手能力，培养创新意识。

职业能力培养目标：

(1)具有地理信息采集和处理能力。

(2)具有 GIS 电子地图制作能力。

(3)具有根据要求运用 GIS 软件进行地理信息分析和处理能力。

(4)具有初步的地理信息系统设计能力。

3 课程内容和要求

序号	工作任务	知识内容与要求	技能内容与要求	参考学时
1	GIS绪论	◎ 熟悉GIS理念； ◎ 了解GIS的应用构成，以及GIS与相关学科的关系	了解ArcGIS 9.3整体功能	2
2	空间信息基础	熟悉GIS的相关概念，包括地球模型、坐标参考系统、地图投影、地图比例尺等	熟悉ArcGIS软件的安装与卸载	4
3	空间数据结构	◎ 了解空间数据结构的类型及其区别； ◎ 学习几种编码方法的原理和优缺点	◎ 熟悉ArcINFO的各个模块； ◎ ArcMAP基础； ◎ ArcGATALOG应用基础； ◎ GEOPROCESSING地理处理框架	8
4	空间数据采集与处理	了解空间数据采集的几种方法、空间数据的后期处理以及质量评估	◎ AHAPEFILE文件创建； ◎ COVERAGE文件创建	6
5	空间数据库简介	◎ 了解空间数据库的原理及其发展阶段； ◎ 熟悉几种不同的空间数据管理方法	◎ GEODATABASE数据库创建； ◎ 数据编辑	4
6	空间数据库设计与管理	◎ 学习空间数据库的设计； ◎ 了解空间数据库设计的原理和一般方法	◎ 投影变换； ◎ 数据格式转换； ◎ 数据处理	8
7	GIS产品输出及可视化	◎ 熟悉GIS产品的各种输出方式； ◎ 了解GIS的可视化方法	◎ 数据符号化； ◎ 专题地图编制	6
8	GIS空间分析原理与方法	◎ 了解地理信息系统空间分析的原理； ◎ 学会常见的几种分析方法	◎ 矢量数据的空间分析； ◎ 栅格数据的空间分析	12
9	地理信息系统三维建模	◎ 了解地理信息系统三维建模原理； ◎ 学习几种常见的建模方法	◎ 三维分析； ◎ 地统计分析； ◎ 水文分析； ◎ 空间分析建模	14
10	网络地理信息系统	介绍网络地理信息系统的形成与发展，熟悉几种常见的网络地理信息系统	网络地理信息系统设计方法	6
11	地理信息系统工程	◎ 了解地理信息系统工程的理论技术； ◎ 熟悉GIS工程内容与具体步骤	地理信息系统工程的实现	6

4 实施建议

4.1 教材编写

在教材的选用上，切忌选用教条式“用户手册”，要选用高职高专任务驱动模式教材，教材要充分体现项目课程设计思想，以任务为载体实施教学，任务选取必须科学、符合本课程的工作逻辑、能形成体系，让学生在完成项目的过程中掌握知识并提高职业能力，同时要考虑可操作性和实用性。教材内容要反映出当前地理信息系统领域的新技术、新方法及新的应用。

4.2 教学建议

地理信息系统设计这门课程需要非常缜密的逻辑思维。可以采用“实践与理论并行”的学习方法，实现“教、学、实践”一体化，教学方法采用任务驱动法。

地理信息系统设计是综合性极强的一门课程，其难点在需要开阔的背景知识，这就需要教师在课堂间穿插 GIS 的背景知识，而且不要让学生感觉到枯燥乏味，还需要在软件操作中有所体验，理论和实际相联系；ArcGIS 的旗舰产品 ArcINFO 软件功能强大且设计复杂，如果把它所有的功能都用得非常熟练是需要花很多的时间和精力的，因此，在有限的时间里，需要做到重点分明，把常用的功能学好摸透，其他的功能适当了解即可，以后如有需要再深入研究。

4.3 教学评价

<table>
<tr><td colspan="6">一、过程性评价（满分 100，占总评的 40%）</td></tr>
<tr><td>序号</td><td>典型工作任务</td><td colspan="2">评价方式</td><td>评价标准</td><td>分值</td></tr>
<tr><td rowspan="2">1</td><td rowspan="2">数据格式转换</td><td>小组互评</td><td>40%</td><td rowspan="20">评价学生：①学习态度；②完成阶段性作品的效果、质量；③电子地图设计能力；④团队协作能力，交流沟通能力，面对困难和压力解决问题的能力</td><td rowspan="2">10</td></tr>
<tr><td>教师评价</td><td>60%</td></tr>
<tr><td rowspan="2">2</td><td rowspan="2">图形数据编辑</td><td>小组互评</td><td>40%</td><td rowspan="2">10</td></tr>
<tr><td>教师评价</td><td>60%</td></tr>
<tr><td rowspan="2">3</td><td rowspan="2">属性数据编辑</td><td>小组互评</td><td>40%</td><td rowspan="2">10</td></tr>
<tr><td>教师评价</td><td>60%</td></tr>
<tr><td rowspan="2">4</td><td rowspan="2">电子地图制作</td><td>小组互评</td><td>40%</td><td rowspan="2">10</td></tr>
<tr><td>教师评价</td><td>60%</td></tr>
<tr><td rowspan="2">5</td><td rowspan="2">地图排版出图</td><td>小组互评</td><td>40%</td><td rowspan="2">10</td></tr>
<tr><td>教师评价</td><td>60%</td></tr>
<tr><td rowspan="2">6</td><td rowspan="2">矢量数据空间分析</td><td>小组互评</td><td>40%</td><td rowspan="2">10</td></tr>
<tr><td>教师评价</td><td>60%</td></tr>
<tr><td rowspan="2">7</td><td rowspan="2">栅格数据空间分析</td><td>小组互评</td><td>40%</td><td rowspan="2">10</td></tr>
<tr><td>教师评价</td><td>60%</td></tr>
<tr><td rowspan="2">8</td><td rowspan="2">三维分析</td><td>小组互评</td><td>40%</td><td rowspan="2">10</td></tr>
<tr><td>教师评价</td><td>60%</td></tr>
<tr><td rowspan="2">9</td><td rowspan="2">地统计分析</td><td>小组互评</td><td>40%</td><td rowspan="2">10</td></tr>
<tr><td>教师评价</td><td>60%</td></tr>
<tr><td rowspan="2">10</td><td rowspan="2">水文分析</td><td>小组互评</td><td>40%</td><td rowspan="2">10</td></tr>
<tr><td>教师评价</td><td>60%</td></tr>
<tr><td colspan="5">满分</td><td>100</td></tr>
<tr><td colspan="6">二、设计电子地图作品（满分 100，占总评的 30%）</td></tr>
<tr><td colspan="5">评价内容</td><td>分值</td></tr>
<tr><td colspan="5">电子地图表现力和创意</td><td>100</td></tr>
<tr><td colspan="6">三、机试（满分 100，占总评的 30%）</td></tr>
<tr><td colspan="6">备注：总评 = 过程性评价 ×40% + 设计电子地图作品 ×30% + 机试 ×30%</td></tr>
</table>

4.4 课程资源的开发与利用

(1)多媒体课件;

(2)软件光盘;

(3)优秀学习网站。

4.5 其他说明

本课程标准适用于高职院校交通安全与智能控制专业。

《高速公路机电系统》课程标准

【课程名称】

高速公路机电系统

【适用专业】

交通安全与智能控制专业

【建议学时】

32

1 前言

1.1 课程的性质

本课程是交通安全与智能控制专业的专业限选课程之一，其目标是使学生掌握高速公路机电系统各个方面的技术知识，包括高速公路通信系统、收费系统、监控系统、供配电系统、照明系统。通过本课程的学习，学生可了解高速公路六大子系统的组成、工作方式，掌握系统集成的相关规范与标准，具备系统集成、操作应用与维护管理的基本技能。为学生就业于高速公路管理公司、联网收费系统建设单位，以及相关设备的生产企业打下良好的专业技能基础。

本门课程分成两部分，第一部分为理论教学部分，主要介绍高速公路通信系统、收费系统、监控系统、供配电系统、照明系统；第二部分为实训教学部分，主要完成高速公路通信系统维护管理、收费站网络系统与计算机系统维护管理、监控系统维护管理。

1.2 设计思路

目前，我国高速公路机动化水平不高，高速公路上运行的车辆种类多，各种类型车辆的动力性能差异大，交通流特性复杂，使高速公路高速、高效、安全、舒适的功能受到一定限制，高速公路机电系统正是为适应高速公路的运行特点和运营管理要求而建立的，是保证高速公路交通运输正常运行和充分发挥道路通行能力的必要管理工具。本课程的主要任务是使学生掌握高速公路通信系统、收费系统、监控系统、供配电系统、照明系统五大子系统的组成、工作方式、关键技术及应用情况。

高速公路机电系统课程采用工学结合教学方法，根据高速公路机电系统建设与管理对职业能力培养的需要，以典型工作任务为载体，选择与设计教学内容，创建全真的工作场景的校内实训环境，以工作过程为导向开发实训教学项目，同时改革教学组织形式与考核方式，实现“以学生为主体”组织式学习和自主式学习多种学习过程，确保学生在学习过程中积累职业知识和能力。

本课程教学内容分为理论教学和实训教学两大组成部分，这是一个完整的系统工程，它涵盖了本门课程需要学习的所有理论知识。根据高速公路机电系统的组成，把理论教学部分划分成以下 5 个方面的内容：高速公路通信系统、收费系统、监控系统、供配电系统、照明系统。结合理论教学的内容，将实训教学部分划分为以下 3 个方面的内容：维护管理高速公路通信系统、维护管理收费站网络系统与计算机系统、维护管理监控系统。

为了更清楚地表述课程目标，提高课程目标对教学过程的指导价值，本课程采用表现性课程目标表达方法，分为四个层级，其中知识要求为三个层级，分为“了解”（陈述性知识，一般掌握）、“熟悉”（陈述性知识，熟练记忆）、“理解”（程序性知识，能把握内涵），技能要求为一个层级,其基本格式为"能(会)+程度用语+动词+对象"。本课程所涉及的程度用语主要有"熟练"、"准确"、"基本"。"熟练"指能在所规定的较短时间内无错误地完成任务;"准确"指没有任何错误;"基本"指在没有时间要求的情况下,不经过旁人提示,能无错误地完成任务。

本课程融合了交通安全与智能控制专业相应的知识与技能要求,教学效果评价采取过程性评价与终结性评价相结合的方式,通过理论与实践相结合,重点评价学生的职业能力。

2 课程目标

通过本课程的学习,学生可了解高速公路六大子系统的组成、工作方式,掌握系统集成的相关规范与标准,具备系统集成、操作应用与维护管理的基本技能。

职业能力培养目标:

(1)能对高速公路机电系统的各子系统硬件进行集成、操作、维护与管理。

(2)能对高速公路机电系统的各子系统软件进行安装、调试、应用。

(3)能对高速公路车道设备进行装调、操作、维护。

(4)能掌握网络综合布线技能。

(5)具备查阅资料、手册、行业技术规范的能力。

(6)具备勤劳诚信、善于协作配合、善于沟通交流等职业素养。

3 课程内容和要求

序号	工作任务	知识内容与要求	技能内容与要求	参考学时
理论教学部分				
1	通信系统集成与维护管理	◎ 掌握高速公路通信系统的结构; ◎ 掌握高速公路收费系统对通信系统的要求; ◎ 掌握高速公路监控系统对通信系统的要求; ◎ 掌握通信系统的维护; ◎ 了解紧急电话; ◎ 了解无线通信; ◎ 了解通信管道及光缆敷设	◎ 能绘制高速公路通信系统结构图; ◎ 能操作高速公路通信系统设备; ◎ 能维护高速公路通信系统设备; ◎ 能描述紧急电话系统结构	6
2	收费系统集成与维护	◎ 了解收费系统的分类; ◎ 了解收费系统框架与需求; ◎ 掌握半自动收费系统的组成及原理; ◎ 了解半自动收费系统工程设计; ◎ 掌握不停车收费系统的组成及原理; ◎ 掌握收费系统软件的安装与应用	◎ 能组成局域网; ◎ 能操作票据打印机; ◎ 能描述费额显示器的内容; ◎ 能描述车道栏杆机的结构与原理; ◎ 能操作收费系统软件; ◎ 能维护收费系统数据库	8
3	管理监控系统集成与维护	◎ 了解监控系统的功能; ◎ 掌握视频监控系统的结构及原理; ◎ 掌握交通状况检测和交通综合信息发布; ◎ 掌握监控中心计算机系统; ◎ 掌握监控系统的维护; ◎ 了解 GPS 监控技术	◎ 能描述常用检测设备的原理; ◎ 能绘制监控系统的组成结构图; ◎ 能绘制道路条件检测系统的组成结构; ◎ 能维护监控系统	6

续上表

序号	工作任务	知识内容与要求	技能内容与要求	参考学时
理论教学部分				
4	高速公路供配电系统维护管理	◎ 了解一般供配电； ◎ 掌握高速公路供配电系统； ◎ 掌握搭铁系统和机电设备防雷保护	◎ 能绘制高速公路交直流供配电系统构成图； ◎ 能安装机电设备防雷保护装置	2
5	高速公路照明系统维护管理	◎ 掌握照明系统结构； ◎ 掌握主车道道路照明； ◎ 掌握隧道照明； ◎ 了解立交和广场照明	◎ 能绘制主车道道路照明线路图； ◎ 能绘制隧道照明线路图	2
实训教学部分				
1	维护管理高速公路通信系统	◎ 了解通信系统网络知识； ◎ 掌握各类传输介质的安装与调试； ◎ 掌握通信系统常见故障与排除方法	◎ 能安装与调试各类传输介质； ◎ 能对通信系统常见故障进行分析与排除	2
2	集成、维护、管理收费站网络系统与计算机系统	◎ 掌握收费广场收费系统的集成与调试； ◎ 掌握场外设备的故障分析与维护； ◎ 掌握收费操作应用软件的安装与使用； ◎ 掌握网络设备的集成与调试； ◎ 掌握监控室内计算机网络系统的集成、调试与运行	◎ 能集成与调试收费广场内收费系统； ◎ 能对场外设备的故障进行分析与维护； ◎ 能安装收费操作应用软件； ◎ 能对网络设备进行集成与调试； ◎ 能对监控室内计算机网络进行集成与调试； ◎ 能对常见故障进行分析与排除	4
3	维护管理监控系统	◎ 熟悉高速公路的路段组成； ◎ 熟悉高速公路出入口匝道控制方法	◎ 能建立高速公路仿真模型； ◎ 能对高速公路仿真模型实施出入口匝道控制	2

4 实施建议

4.1 教材选用

需依据本课程标准选用教材，教材应充分体现实用性，突出对学生职业能力的培养。

教材通常应包括以下几项内容：教学目标、工作任务、实践操作（相关实践知识）、问题探究（相关理论知识）、知识拓展（选学内容）、英语词汇索引和解释、实训与练习。

教材中的活动设计的内容要具体，并具有可操作性。

教材内容应体现先进性、通用性、实用性，将最新智能交通标准、主流技术、主流产品及时纳入教材，使教材紧跟行业发展。教材内容应注意规范性，统一使用国家标准《综合布线系统工程设计规范》（GB 50311—2007）和《综合布线系统工程验收规范》（GB 50312—2007）规定的术语、文字、符号，避免产生歧义和误解。

教材应图文并茂，引用图表要清晰精美；语言表述应深入浅出、文字精练。

推荐教材:杨志伟.高速公路机电系统管理.机械工业出版社,2004.

4.2　教学建议

在学习课程的理论知识时,结合视频资料和实际工程案例进行讲解,可以使用学生更好地掌握知识,激发学生的学习兴趣,开拓学生的创新思维,培养学生分析问题的能力。

根据课程的特点,在教学中多采用案例教学、示范教学和实物教学等方式。在学习收费系统时,采用实物教学;在教学方法上,突出启发式、讨论式、师生互动式等形式,在课堂上注重处理好难点与重点、概念与应用、标准与灵活的关系,做到精讲多练、边讲边练、讲练结合。

教学多与行业企业融合。一是请进来,可以请企业兼职教师完成部分教学任务;二是走出去,到高速公路现场教学。

课程在培养职业能力和传授相应知识的同时,必须重视职业道德和职业意识的渗透,帮助学生养成良好的个人品格和行为习惯,培养爱岗敬业精神、团队协作精神和创业精神,帮助学生树立质量意识、节约意识、安全意识、环保意识、文明施工等职业意识。

4.3　教学评价

教学评价采用过程性评价和终结性评价相结合的方式。

一、过程性评价(满分100,占总评的70%)					
序号	典型工作任务	评价方式		评价标准	分值
1	系统维护管理高速公路通信	小组互评	40%	评价学生的学习态度,准备工作的完成情况,实训的效果和质量,团队协作能力,交流沟通能力、面对困难和压力解决问题的能力	25
		教师评价	60%		
2	集成、维护、管理收费站网络系统与计算机系统	小组互评	40%		50
		教师评价	60%		
3	维护管理监控系统	小组互评	40%		25
		教师评价	60%		
满分					100
二、终结性评价(满分100,占总评的30%)					
序号	评价内容		评价方式		分值
1	标准、规范、功能、步骤等		开卷		50
2	方案设计题、应用分析题等		开卷		50
满分					100
备注:总评 = 过程性评价 ×70% + 终结性评价 ×30%					

4.4　课程资源的开发与利用

(1)配套开发实训指导书和操作步骤视频。

(2)积极开发和利用网络教学资源:课程标准、实训指导书、授课计划等教学文件、课件、习题、案例库、网络资源导向(链接互联网上的"智能交通网"、"城市交通网"、"智能交通观察者"等专业网站)。

(3)建立互动交流网络平台。

4.5　其他说明

本课程标准适用于高职院校交通安全与智能控制专业。

《监控系统集成与维护》课程标准

【课程名称】

监控系统集成与维护

【适用专业】

交通安全与智能控制专业

【建议学时】

72

1 前言

1.1 课程的性质

本课程是交通安全与智能控制专业的专业核心课程之一，监控系统是高速公路机电系统（通信、监控、收费、照明）的核心之一，是保障高速公路交通安全、提高运输效率的重要一环。因此，将“监控系统集成与维护”作为交通安全与智能控制专业的一门核心必修课程，同时，该课程也适用于安防工程技术人员的培训教学。本课程以典型项目和工作任务为载体，教授学生监控系统集成与维护等方面的知识和技能，是培养专业技能的重要课程，为学生参加专业实践和毕业后从事本专业工作奠定基础。

本门课程的先修课程包括电工电子技术、道路交通控制技术、高速公路机电系统、单片机原理与应用等，是“公路收费与监控员”考证的基础，同时为后续课程收费系统操作实务、毕业设计和顶岗实习打下基础。通过本课程的学习，学生应达到交通运输部“交通监控与收费员资格”相应的知识与技能要求。

1.2 设计思路

本课程以本专业人才培养目标为标准，以行业职业资格标准为指导，以就业为导向，以监控系统集成、操作、维护管理专业技能为培养目标，以“系统组成模块和系统设计工艺流程”为依据，确定课程教学内容及顺序和对应的学时。监控系统主要包括摄像头、传输方式、视频服务器、视频矩阵、视频分配器、硬盘录像机、显示屏、云台等部分。

本课程采取理实一体教学方式，按照高速公路监控系统的各个子系统设计了项目化课程，每个项目完成一个子系统的设计、安装和调试。全部课程在实训室和校外实训基地完成，理论知识穿插在做项目的过程中。通过在实训室做子系统的设计、安装和调试，做到“教、学、做”合一。通过把典型的监控设备组建成为不同功能和层次的监控系统来训练集成技能，用联调通过来作为主要考核标准。

课程内容模块化：

以高速公路监控系统集成与维护行动领域包含的工作任务为基础，进行概括提炼后，采用项目驱动式教学方法，把课程设计为以下项目模块：基本视频监控系统的实现、收费站级联网视频监控系统的实现、隧道监控系统特殊部分的实现、车辆及气象检测器子系统的实现、信息发布子系统的实现、交通控制子系统的认知、路段分中心级的监控系统的集成、省级联网监控系统的集成、监控新技术应用设计。

知识内容组织形式有助于学生的理解和掌握：

知识内容模块化，各模块知识内容采取任务驱动的方式展开，结合任务问题或实例讲原理、讲设计、讲实现。由任务或应用举例入手引入相关的概念、知识和原理，通过试验与技能训练加强相关概念、原理、软硬件设计与调试方法的理解和掌握，体现做中学、学中练的教学思路。任务问题或实例涵盖知识点，通过知识点展开教学内容。理论知识和应用实例相辅相成，理论知识由抽象变得直观，容易接受和理解。

2 课程目标

本课程总体目标是培养学生在监控系统集成与维护行动领域的核心技能。

本课程的职业岗位指向明确，职业能力要求具体。本课程使学生能够胜任高速公路监控系统维护员这个岗位。

职业能力培养目标：

(1)能够读懂复杂的高速公路监控系统整体设计方案，能够按照设计好的方案进行现场安装、调试，能够掌握监控系统建设项目进度。

(2)具有省级监控系统的运行维护能力。

(3)能够做中等规模监控系统的方案设计。具有收费站级、隧道级和收费分中心级的监控系统的集成维护能力。

(4)能够完成典型监控设备的现场操作、故障诊断与恢复。

(5)具有现场组织管理能力及协调能力。

3 课程内容和要求

序号	工作任务	知识内容与要求	技能内容与要求	参考学时
1	基本视频监控系统的实现	◎ 视频监控系统基本组成； ◎ 了解各组成单元具体的功能及连接方法	◎ 能对摄像机、同轴电缆、视频切换器、显示器正确连接； ◎ 操作切换器，使显示屏幕在摄像机镜头间切换	4
2	视频采集子系统的实现	◎ 常用摄像机、高速球、摄像枪的种类及其参数； ◎ 云台性能指标； ◎ 视频接口知识	◎ 能依据需要对设备正确选型； ◎ 能正确绘制监控系统施工图； ◎ 能在监控实训室内完成摄像机、云台安装、接线	6
3	视频传输子系统的实现	◎ 常用线缆及插接件标准； ◎ 光端机知识	◎ 把摄像机输出通过光端机、线缆连接到显示设备； ◎ 完成各种典型接线方式的接线	6
4	视频切换及控制台子系统的实现	◎ 视频切换矩阵参数及功能； ◎ 控制台相关知识	◎ 能完成切换矩阵的连接、调试； ◎ 能完成控制台相关的操作	6
5	视频显示子系统的实现	◎ 了解常用显示设备的技术参数； ◎ 电视墙知识，原理图	◎ 完成小型电视墙的安装调试； ◎ 实现对 LED 矩阵的安装、调试	6

续上表

序号	工 作 任 务	知识内容与要求	技能内容与要求	参考学时
6	视频存储子系统的实现	◎ 硬盘录像机功能； ◎ 配置、性能指标	◎ 硬盘录像机选型； ◎ 完成硬盘录像机接线； ◎ 硬盘录像机的操作	6
7	数字视频传输子系统的实现	◎ 视频编码器知识； ◎ 视频解码器知识	◎ 视频编码、解码器的选型及连接； ◎ 运用视频编码、解码器通过通信系统传输视频	10
8	联网模式下监控系统设计	◎ 实施方案标书格式； ◎ 中心级监控系统集成知识	◎ 能够完成总体设计方案； ◎ 投标书的起草	12
9	隧道照明子系统的实现	◎ 隧道照明系统电气知识； ◎ 灯具知识；	◎ 读隧道照明系统图纸； ◎ 能够完成故障排除、部件更换	4
10	气象检测子系统	◎ 检测器功能、参数； ◎ 接口知识	◎ 能够安装调试各种常见气象检测仪器和能见度检测仪器； ◎ 能够安装调试各种常见路面状况检测仪器和路桥面冰冻监测器	6
11	信息发布子系统的实现	信息发布系统原理知识	◎ 完成可变情报板、可变限速标志的接线； ◎ 能够用软件发布信息	6

4 实施建议

4.1 教材编写

(1)需依据本课程标准编写教材和实训教材，教材应充分体现课程的设计思想，突出职业能力培养的思路。

(2)学习项目按监控系统的工作任务依次排列，项目中所要学习的工作任务可以是交叉与重复的。

(3)教材应由学校教师与企业工程师共同编写。

4.2 教学建议

课程教学方法符合“教、学、做”合一的原则。课程团队积极在教学方法和手段上进行改革，以项目驱动模式组织理实一体的教学，总体采用项目驱动式教学方法，课堂不是传统的座位式教室，而是在监控实训室和校外监控实训基地进行现场教学，在做系统集成中学习，在学习中更好地做集成，有效地提高教学效果。

以真实或逼真的案例作为项目，有助于培养学生零距离上岗的能力；有的项目把学习内容安排为项目投标书的撰写，把学习和技术服务结合起来。

此外,注意以学生为中心,教师以提要求和示范为主,学生作系统集成与维护的实施者,可以充分发挥学生的创意;让学生分组设计、操作,互相点评,老师评判,有利于培养学生团队协作和沟通能力,也体现了学生在考核中的主体作用。

每个项目安排创新思维教育的内容,引导学生自主学习,并应用于实践。

4.3 教学评价

教学评价采用过程性评价和终结性评价相结合的方式。

<table>
<tr><td colspan="6">一、过程性评价(满分100,占总评的70%)</td></tr>
<tr><td>序号</td><td>典型工作任务</td><td colspan="2">评价方式</td><td>评价标准</td><td>分值</td></tr>
<tr><td rowspan="2">1</td><td rowspan="2">基本视频监控系统的实现</td><td>小组互评</td><td>40%</td><td rowspan="22">评价学生的学习态度,完成典型工作任务的执行情况,完成典型工作任务的效果和质量,劳动精神,团队协作能力,交流沟通能力,面对困难和压力解决问题的能力</td><td rowspan="2">10</td></tr>
<tr><td>教师评价</td><td>60%</td></tr>
<tr><td rowspan="2">2</td><td rowspan="2">视频采集子系统的实现</td><td>小组互评</td><td>40%</td><td rowspan="2">10</td></tr>
<tr><td>教师评价</td><td>60%</td></tr>
<tr><td rowspan="2">3</td><td rowspan="2">视频传输子系统的实现</td><td>小组互评</td><td>40%</td><td rowspan="2">10</td></tr>
<tr><td>教师评价</td><td>60%</td></tr>
<tr><td rowspan="2">4</td><td rowspan="2">视频切换及控制台子系统的实现</td><td>小组互评</td><td>40%</td><td rowspan="2">10</td></tr>
<tr><td>教师评价</td><td>60%</td></tr>
<tr><td rowspan="2">5</td><td rowspan="2">视频显示子系统的实现</td><td>小组互评</td><td>40%</td><td rowspan="2">10</td></tr>
<tr><td>教师评价</td><td>60%</td></tr>
<tr><td rowspan="2">6</td><td rowspan="2">视频存储子系统的实现</td><td>小组互评</td><td>40%</td><td rowspan="2">10</td></tr>
<tr><td>教师评价</td><td>60%</td></tr>
<tr><td rowspan="2">7</td><td rowspan="2">数字视频传输子系统的实现</td><td>小组互评</td><td>40%</td><td rowspan="2">10</td></tr>
<tr><td>教师评价</td><td>60%</td></tr>
<tr><td rowspan="2">8</td><td rowspan="2">联网模式下监控系统设计</td><td>小组互评</td><td>40%</td><td rowspan="2">10</td></tr>
<tr><td>教师评价</td><td>60%</td></tr>
<tr><td rowspan="2">9</td><td rowspan="2">隧道照明子系统的实现</td><td>小组互评</td><td>40%</td><td rowspan="2">5</td></tr>
<tr><td>教师评价</td><td>60%</td></tr>
<tr><td rowspan="2">10</td><td rowspan="2">气象检测子系统</td><td>小组互评</td><td>40%</td><td rowspan="2">5</td></tr>
<tr><td>教师评价</td><td>60%</td></tr>
<tr><td rowspan="2">11</td><td rowspan="2">信息发布子系统的实现</td><td>小组互评</td><td>40%</td><td rowspan="2">10</td></tr>
<tr><td>教师评价</td><td>60%</td></tr>
<tr><td colspan="5">满分</td><td>100</td></tr>
<tr><td colspan="6">二、终结性评价(满分100,占总评的30%)</td></tr>
<tr><td>序号</td><td colspan="2">评价内容</td><td colspan="2">评价方式</td><td>分值</td></tr>
<tr><td>1</td><td colspan="2">监控系统的组成及其原理等</td><td colspan="2">开卷</td><td>50</td></tr>
<tr><td>2</td><td colspan="2">监控系统的安装及故障诊断等</td><td colspan="2">开卷</td><td>50</td></tr>
<tr><td colspan="5">满分</td><td>100</td></tr>
<tr><td colspan="6">备注:总评=过程性评价×70%+终结性评价×30%</td></tr>
</table>

4.4 课程资源的开发与利用

(1)配套开发实训指导书和操作步骤视频。

(2)积极开发和利用网络教学资源:课程标准、实训指导书、授课计划等教学文件、课件、习题、案例库。

(3)建立互动交流网络平台。

4.5 其他说明

本课程标准适用于高职院校交通安全与智能控制专业。

《交通安全与法规》课程标准

【课程名称】

交通安全与法规

【适用专业】

交通安全与智能控制专业

【建议学时】

32

1 前言

1.1 课程的性质

本课程是交通安全与智能控制专业的专业基础课,其目的是培养学生运用安全工程的原理和方法,对一定环境条件下的交通运输系统在设计、施工、运行及管理过程中存在的危险性进行定性或定量分析,从而提出消除和减少系统危险的预防和控制对策,提高学生分析和解决实际问题的能力。通过该课程的学习,学生应掌握交通安全基本理论,学会运用交通安全分析和评价方法,以及交通安全技术、交通安全管理的理论和方法解决实际问题,具备综合分析和处理各类交通安全问题的基本能力。

1.2 设计思路

本课程以就业为导向,是在行业专家对智能交通专业所涵盖的岗位群进行任务与职业能力分析的基础上开设的。课程开发采用了校企合作形式,以现实工作任务为基础,采用"一体化"教学模式,将理论教学渗透在实践教学中,在"做中学、学中做"。课程以案例引入教学法进行基础知识模块的学习,以项目引入教学法开展实训,按照交通安全工程过程完成实训教学。新知识的学习打破了以往"先理论后实践"的学习顺序,根据本课程特点,制订出"实践与理论并行"的学习方法,即理论和实践交叉进行,用理论来指导实践,用实践来丰富理论,使学生能手脑并用,融会贯通。最后通过综合实训,帮助学生建立实践意识、合作意识及创新意识,提高实践能力、合作能力、创新能力。

2 课程目标

根据职业教育"以能力为本位、以职业实践为主线、以项目课程为主体的模块化"课程体系,本课程的总目标是"以就业为导向,以学生为主体,以全面促进综合能力培养为中心"。通过本课程的学习,学会运用交通安全分析和评价方法以及交通安全技术、交通安全管理的理论和方法解决实际问题,具备综合分析和处理各类交通安全问题的基本能力,提高实际动手能力,培养创新意识。

职业能力培养目标:

(1)具有运用交通安全理论和方法分析生产实际中存在的安全问题的能力。

(2)具有针对分析生产实际中存在的安全问题所得出的结论,提出合理、科学的安全对策以解决生产实际中所存在的安全问题的能力。

(3)具有交通安全组织与管理的能力。

3　课程内容和要求

序号	工 作 任 务	知识内容与要求	技能内容与要求	参考学时
1	绪论	◎ 安全、事故、隐患的概念； ◎ 安全科学的知识体系	掌握安全科学的知识体系	8
2	交通安全基本理论	◎ 可靠性理论； ◎ 事故致因理论； ◎ 事故预防理论	掌握可靠性、事故致因、事故预防理论，并应用在实际生产生活中	6
3	交通安全分析	◎ 安全分析方法，重点在检查表、故障模式、事件树、事故树； ◎ 检查表评价、危险作业评价以及概率评价	运用安全分析和评价方法分析实际生产中的安全问题	6
4	交通安全技术	◎ 安全技术的概念； ◎ 安全设计思想； ◎ 安全监控技术	运用交通安全技术提出合理、科学的安全对策以解决实际生产中的安全问题	6
5	交通安全管理	◎ 交通安全管理的内容； ◎ 交通安全与法规； ◎ 事故调查的程序和注意事项	运用交通安全管理理论预防和处理各类交通安全问题	6

4　实施建议

4.1　教材编写

在教材的选用上，切忌选用教条式“用户手册”，要选用高职高专任务驱动模式教材，教材要充分体现项目课程设计思想，以任务为载体实施教学，任务选取必须科学、符合本课程的工作逻辑、能形成体系，使学生在完成项目的过程中掌握知识并提高职业能力，同时要考虑项目的可操作性和实用性。教材内容要反映出当前地理信息系统领域的新技术、新方法及新的应用。

4.2　教学建议

交通安全与法规是一门理论性极强的课程，它研究的内容是各个交通行业安全的共同点，比较抽象和概括，课程难点——骨牌论、能量意外释放论、事故成因理论、事件树、事故树的分析方法等的学习都需要深厚的数学理论基础，这就需要教师在课堂间穿插介绍相关数学理论的背景知识，而且不要让学生感觉到枯燥乏味，还需要在实际生活中有所体验，使理论和实际相联系。可以采用“实践与理论并行”的学习方法，实现“教、学、实践”一体化，采用教学任务驱动法。

本课程的实践教学是设计在理论教学基础之上，在课堂理论教学过程中，完成如下实践学习：试验教学侧重于实际动手能力的培养。通过事故树定性分析电算法求解试验教学环节的学习，强化学生对事故树定性分析方法的基本理论及其计算方法的理解和掌握，学习与掌握事故树电算法的编程思想、计算方法、实现方式等基本试验操作技能，既保证了本课程的教学重点，又加强了学生动手能力的培养，还能提高学生的计算机编程能力；通过对轨道交通、道路交通等安全检查表、事故树或事件树的编制或故障类型和影响分析试验教学环节的学习，强化学生对安全系统工程基本理论和常用系统安全分析方法的理解和掌握。

4.3 教学评价

<table>
<tr><td colspan="6">一、过程性评价(满分100,占总评的40%)</td></tr>
<tr><td>序号</td><td>典型工作任务</td><td colspan="2">评价方式</td><td>评价标准</td><td>分值</td></tr>
<tr><td rowspan="2">1</td><td rowspan="2">安全问题分析</td><td>小组互评</td><td>40%</td><td rowspan="20">评价学生:①学习态度;②完成阶段性作品的效果、质量;③运用交通安全知识分析实际问题的能力;④团队协作能力、交流沟通能力、面对困难和压力解决问题的能力</td><td rowspan="2">10</td></tr>
<tr><td>教师评价</td><td>60%</td></tr>
<tr><td rowspan="2">2</td><td rowspan="2">交通安全分析
(可靠性理论)</td><td>小组互评</td><td>40%</td><td rowspan="2">10</td></tr>
<tr><td>教师评价</td><td>60%</td></tr>
<tr><td rowspan="2">3</td><td rowspan="2">交通安全分析
(事故致因理论)</td><td>小组互评</td><td>40%</td><td rowspan="2">10</td></tr>
<tr><td>教师评价</td><td>60%</td></tr>
<tr><td rowspan="2">4</td><td rowspan="2">交通安全分析
(事故预防理论)</td><td>小组互评</td><td>40%</td><td rowspan="2">10</td></tr>
<tr><td>教师评价</td><td>60%</td></tr>
<tr><td rowspan="2">5</td><td rowspan="2">交通安全评价</td><td>小组互评</td><td>40%</td><td rowspan="2">10</td></tr>
<tr><td>教师评价</td><td>60%</td></tr>
<tr><td rowspan="2">6</td><td rowspan="2">事故树分析法 A</td><td>小组互评</td><td>40%</td><td rowspan="2">10</td></tr>
<tr><td>教师评价</td><td>60%</td></tr>
<tr><td rowspan="2">7</td><td rowspan="2">事故树分析法 B</td><td>小组互评</td><td>40%</td><td rowspan="2">10</td></tr>
<tr><td>教师评价</td><td>60%</td></tr>
<tr><td rowspan="2">8</td><td rowspan="2">事故树分析法 C</td><td>小组互评</td><td>40%</td><td rowspan="2">10</td></tr>
<tr><td>教师评价</td><td>60%</td></tr>
<tr><td rowspan="2">9</td><td rowspan="2">交通安全管理</td><td>小组互评</td><td>40%</td><td rowspan="2">10</td></tr>
<tr><td>教师评价</td><td>60%</td></tr>
<tr><td rowspan="2">10</td><td rowspan="2">交通安全法规</td><td>小组互评</td><td>40%</td><td rowspan="2">10</td></tr>
<tr><td>教师评价</td><td>60%</td></tr>
<tr><td colspan="5">满分</td><td>100</td></tr>
<tr><td colspan="6">二、交通安全事故树的设计(满分100,占总评的30%)</td></tr>
<tr><td colspan="5">评价内容</td><td>分值</td></tr>
<tr><td colspan="5">设计的安全性和科学性</td><td>100</td></tr>
<tr><td colspan="6">三、考核(满分100,占总评的30%)</td></tr>
<tr><td colspan="6">备注:总评 = 过程性评价 ×40% + 交通安全事故树的设计 ×30% + 考核 ×30%</td></tr>
</table>

4.4 课程资源的开发与利用

(1)多媒体课件;

(2)软件光盘;

(3)优秀学习网站。

4.5 其他说明

本课程标准适用于高职院校交通安全与智能控制专业。

《交通工程设计》课程标准

【课程名称】

交通工程设计

【适用专业】

交通安全与智能控制专业

【建议学时】

64

1 前言

1.1 课程的性质

本课程是交通安全与智能控制专业限选课程之一。该课程从提高行车安全性,提高道路通行能力和运行效率,保证车辆连续运行,降低能耗,提高出行的舒适和方便程度角度出发,重点介绍了交通安全设施、交通管理设施、交通监控设施、道路通信系统、道路收费与服务设施、道路照明设施7个方面的内容。通过本课程的学习,使学生深入了解交通工程设施的重要性及其设置的基本原则,掌握道路交通主要设施设计的原理与方法,为以后从事相关工作奠定专业基础。

1.2 设计思路

在交通安全与智能控制专业课程体系中,交通工程设计课程作为限选课程。本课程的主要任务是使学生掌握交通安全设施、交通管理设施、交通监控设施、道路通信系统、道路收费与服务设施、道路照明设施7个方面的内容。通过对本课程的学习,使学生深入了解交通工程设施的重要性及其设置的基本原则,真正做到交通工程设施能使车辆安全、舒适、快速、经济地到达目的地。在学习的同时,要理论联系实际,进行多方面的实习。同时,本课程可为后续课程的学习打下必要的基础。

交通工程设计课程内容要求涵盖交通工程设施的所有方面,既有安全设施、管理设施、监控设施、收费设施、服务设施、照明设施、环保设施设计的理论分析,又有具体的设计示例。要求学生掌握各种交通工程设施设计的布设原则、结构设计强度验算、设计关键点,并能结合一周的课程设计独立完成教师布置的作业。

为了更清楚地表述课程目标,提高课程目标对教学过程的指导价值,本课程采用表现性课程目标表达方法,分为四个层级,其中知识要求为三个层级,分为"了解"(陈述性知识,一般掌握)、"熟悉"(陈述性知识,熟练记忆)、"理解"(程序性知识,能把握内涵),技能要求为一个层级,其基本格式为"能(会)+程度用语+动词+对象"。本课程所涉及的程度用语主要有"熟练"、"准确"、"基本"。"熟练"指能在所规定的较短时间内无错误地完成任务;"准确"指没有任何错误;"基本"指在没有时间要求的情况下,不经过旁人提示,能无错误地完成任务。

本课程融合了交通安全与智能控制专业相应的知识与技能要求,教学效果评价采取过程性评价与终结性评价相结合的方式,通过理论与实践相结合,重点评价学生的职业能力。

2 课程目标

职业能力培养目标:

(1)能进行交通安全设施设计。
(2)能进行交通监控设施设计。
(3)能进行道路收费系统软件操作。
(4)能进行道路服务设施设计。
(5)了解交通通信系统设计。
(6)了解道路照明设计。
(7)具备勤劳诚信、善于协作配合、善于沟通交流等职业素养。

3 课程内容和要求

序号	工作任务	知识内容与要求	技能内容与要求	参考学时
1	认识交通工程设计的研究内容	◎ 掌握设施的定义,设施的作用,设施设计的主要内容; ◎ 要求学生用动态的观点来设计交通工程设施设计	◎ 能描述交通工程设施的定义; ◎ 能描述交通工程设施的作用; ◎ 能描述交通工程设施研究的主要内容	4
2	总体规划交通工程设施	◎ 掌握总体规划的原则和方法; ◎ 了解道路交通系统特性; ◎ 掌握交通需求分析; ◎ 了解交通工程设施总体规划	◎ 能描述交通工程设施总体规划的原则和方法; ◎ 了解道路交通系统特性	4
3	设计交通安全设施	◎ 掌握安全护栏设计; ◎ 掌握防炫设计; ◎ 掌握隔离封闭设施设计; ◎ 掌握视线诱导设施设计	◎ 了解护栏、道路交通标志、路面标线、隔离设施、视线诱导和施工安全设施等交通安全设施; ◎ 掌握交通安全设施数量、位置、形式、安装工艺	8
4	设计交通监控设施	◎ 掌握监控中心设计; ◎ 掌握信息采集子系统设计; ◎ 掌握信息提供系统设计; ◎ 掌握主线控制; ◎ 掌握匝道控制	◎ 了解信息采集系统、信息提供系统和监控中心; ◎ 掌握主线控制、匝道控制和隧道控制	12
5	维护与管理道路收费系统	◎ 掌握收费系统的设计; ◎ 掌握收费广场的设计	熟练掌握收费广场的设计以及收费设施的检测技术	16
6	设计道路服务设施	◎ 了解休息设施设计; ◎ 掌握停车区设计; ◎ 掌握停车场、保养厂、加油站设计	掌握服务设施的检测技术和标准	12
7	设计交通通信系统	◎ 主干线传输; ◎ 交换技术; ◎ 网络管理; ◎ 数据传输; ◎ 电视图像传输; ◎ 紧急电话; ◎ 移动通信; ◎ 广播; ◎ 通信电源和搭铁; ◎ 通信管理工程	了解主干线传输、交换、网络管理、数据传输、电视图像传输、紧急电话、移动通信、广播、通信电源和搭铁、通信管理工程等各种设施的设计	4

续上表

序号	工作任务	知识内容与要求	技能内容与要求	参考学时
8	设计道路照明	◎ 道路照明标准与光源、灯具的选择； ◎ 道路照明布局与照度的计算； ◎ 特殊场所照明设计要点	理解和掌握道路照明系统的设施和规划，并了解照明系统在可行性研究中的具体应用	4

4 实施建议

4.1 教材选用

(1)需依据本课程标准选用教材，教材应充分体现实用性，突出学生职业能力的培养。

(2)教材通常应包括以下几项内容：教学目标、工作任务、实践操作(相关实践知识)、问题探究(相关理论知识)、知识拓展(选学内容)、英语词汇索引和解释、实训与练习。

(3)推荐教材：李峻利．交通工程设施设计．人民交通出版社，2001。

4.2 教学建议

(1)在学习课程的理论知识时，结合视频资料和实际工程案例进行讲解，可以使学生更好地掌握知识，开拓学生的学习兴趣，开拓学生的创新思维，培养学生分析问题的能力。

(2)根据课程的特点，在教学中多采用案例教学、示范教学和实物教学等方式。在学习过程中采用实物教学；在教学方法上，突出启发式、讨论式、师生互动式等形式，在课堂上注重处理好难点与重点、概念与应用、标准与灵活的关系，做到精讲多练、边讲边练、讲练结合。

(3)教学多与行业企业融合。一是请进来，可以请企业兼职教师完成部分教学任务；二是走出去，到城市典型交叉口现场教学。

(4)课程在培养职业能力和传授相应知识的同时，必须重视职业道德和职业意识的渗透，帮助学生养成良好的个人品格和行为习惯，培养爱岗敬业精神、团队协作精神和创业精神，帮助学生树立质量意识、节约意识、安全意识、环保意识、文明施工等职业意识。

4.3 教学评价

教学评价采用过程性评价和终结性评价相结合的方式。

一、过程性评价(满分100，占总评的70%)					
序号	典型工作任务	评价方式		评价标准	分值
1	设计交通安全设施	小组互评	40%	评价学生的学习态度，准备工作的完成情况，辩论的效果和质量，团队协作能力，交流沟通能力，面对困难和压力解决问题的能力	10
		教师评价	60%		
2	设计交通监控设施	小组互评	40%		40
		教师评价	60%		
3	维护管理道路收费系统	小组互评	40%		10
		教师评价	60%		
4	设计道路照明	小组互评	40%		10
		教师评价	60%		
满分					100

二、终结性评价(满分100，占总评的30%)			
序号	评价内容	评价方式	分值
1	标准、规范、功能、步骤等	开卷	50
2	方案设计题、应用分析题等	开卷	50
满分			100
备注：总评＝过程性评价×70%＋终结性评价×30%			

4.4　课程资源的开发与利用

(1)配套开发实训指导书和操作步骤视频。

(2)积极开发和利用网络教学资源:课程标准、实训指导书、授课计划等教学文件、课件、习题、案例库、网络资源。

(3)建立互动交流网络平台。

4.5　其他说明

本课程标准适用于高职院校交通安全与智能控制专业。

《交通信息采集与分析》课程标准

【课程名称】

交通信息采集与分析

【适用专业】

交通安全与智能控制专业

【建议学时】

54

1 前言

1.1 课程的性质

本课程是交通安全与智能控制专业的核心技能课程,其目的是使学生掌握各种交通检测器的安装、维护、使用,并对采集的数据进行分析。

本门课程的先修课程包括高速公路机电系统、道路交通控制技术、电工电子技术、单片机技术应用等,是监控系统集成与维护、收费系统操作实务等课程的学习基础。通过本课程的学习,学生应达到交通运输部“交通监控与收费员资格”相应的知识与技能要求。

1.2 设计思路

交通信息采集与分析是智能交通领域基本的技能,是交通安全与智能控制专业学生毕业后的主要就业方向,高速公路机电系统操作、城市道路交通控制与维护、智能交通站场管理与维护等其他就业岗位也需要交通信息采集的知识和技能,因此,交通信息采集与分析课程在交通安全与智能控制专业课程体系中具有重要的地位。本课程的主要任务是培养学生选择、安装、操作交通检测器的能力,以及对采集的交通信息进行分析与处理的能力。

交通信息采集与分析课程立足于职业能力培养,采用项目为逻辑主线组织教学内容和实施课程教学,将完成工作任务必需的相关理论知识构建于项目之中,使学生在完成具体项目的过程中学会完成相应工作任务,掌握必备的理论知识。本课程以项目为载体选取教学内容和组织教学,这与学科课程只注重知识体系的完整性和实训课程只注重实践性不同,项目课程旨在用工作任务设计出学习项目,为学生创造一个职业化的学习情境,使学生在实际情境中获得真正的职业能力的提高。在项目课程设计中,项目载体设计是一个关键环节。

按照工作岗位,交通信息采集与分析分为以下几个主要工作任务:交通检测器的选择,交通检测器的安装与调试,交通检测器的操作与维护,交通信息分析。根据工作任务界限,把这个项目划分成以下 7 个小项目:线圈检测系统的安装与操作、微波检测系统的安装与操作、视频检测系统的安装与操作、动态称重系统的安装与操作、红外检测系统的安装与操作、压电检测系统的安装与操作、交通数据的分析。

本课程融合了公路收费与监控员职业资格相应的知识与技能要求,教学效果评价采取过程性评价与终结性评价相结合的方式,通过理论与实践相结合,重点评价学生的职业能力。

2 课程目标

通过完成以项目为载体的工作任务,学生要了解常用交通信息采集系统的种类及其功能、各交通检测器的原理及其适用条件;掌握交通检测器的选择方法、各种交通检测器的安装调试方法、交通检测器的使用方法;掌握用 VISIO 或 AutoCAD 绘制交通检测器施工图的方法,掌握万用表、示波器、电烙铁等常用工具的使用方法；掌握利用检测器检测交通数据的方法。

职业能力培养目标：

(1)能根据实际情况选择合适的交通检测器。

(2)能绘制检测器的安装施工图。

(3)能对检测系统安装进行合理的预算并制作报表。

(4)能按规范安装几种常用的交通检测器并调试成功。

(5)能根据交通检测器的实际特点及安装点的物理属性制订合适的信号传输方式并布线。

(6)能编制施工方案。

(7)能以项目经理和监理工程师的身份管理和监理交通检测器的施工。

(8)能根据设计方案和验收标准对工程进行测试和验收。

(9)具备勤劳诚信、善于协作配合、善于沟通交流等职业素养。

3 课程内容和要求

序号	工作任务	知识内容与要求	技能内容与要求	参考学时
1	选择交通检测器	◎ 了解常用交通检测器的原理与功能； ◎ 熟悉交通检测器的适应范围与条件； ◎ 熟悉常用交通检测器的安装方法及其对应检测的交通参数； ◎ 熟悉交通检测器融合检测器的方法	◎ 能描述交通检测器的工作原理及其结构； ◎ 能依据交通检测器的原理确定其可以检测的交通参数； ◎ 能依据检测器的原理和工程实际确定检测器的安装、调试方法	12
2	选择检测器的信号传输方式及其布线方法	◎ 熟悉常用交通检测器的信号传输方式； ◎ 熟悉各传输方式的传输距离等参数； ◎ 熟悉不同传输方式的优缺点； ◎ 熟悉各传输方式的布线方法	◎ 能依据工程实际为交通检测器选择合适的信号传输方式； ◎ 能为交通检测器的信号传输按规范布线	4
3	设计交通检测系统	◎ 熟悉现场勘察和需求分析方法； ◎ 熟悉材料预算方法； ◎ 熟悉 VISIO 或 AUTOCAD 绘图方法； ◎ 了解建筑物防雷设计规范； ◎ 了解建筑设计防火规范； ◎ 了解《交通工程手册》对检测的设计要求； ◎ 理解布线系统设计方案书的格式和内容	◎ 能通过现场勘察正确分析用户需求； ◎ 会根据需求分析结果进行交通检测系统设计； ◎ 能对系统进行材料预算； ◎ 能绘制检测系统施工图； ◎ 能编制交通检测系统设计方案书	10
4	安装交通检测系统	◎ 熟悉施工前的准备工作内容； ◎ 熟悉管槽、机柜、插座等材料与设备的种类和用途； ◎ 熟悉万用表、示波器等常用仪表的使用方法； ◎ 熟悉网络通信链路管槽路由安装方式与规范； ◎ 熟悉安全施工规范	◎ 能根据工程需要做好施工前的准备工作； ◎ 会熟练使用常用仪器仪表； ◎ 能根据验收标准和现场情况安装管槽系统； ◎ 能根据验收标准安装交通检测器； ◎ 能根据验收标准安装信息插座和机柜	6

续上表

序号	工作任务	知识内容与要求	技能内容与要求	参考学时
5	调试交通检测系统	◎ 理解不同交通检测系统的工作原理； ◎ 熟悉交通检测系统常见故障的分析处理方法	◎ 能熟练调试交通检测系统，使其达到规范要求； ◎ 能针对检测系统出现的问题进行分析，找出问题所在，解决问题	6
6	检测器施工监理	◎ 熟悉施工方案编制方法和内容； ◎ 熟悉工程项目管理的组织架构； ◎ 熟悉现场人员、安全、质量、进度管理和成本控制的方法； ◎ 熟悉项目经理职责； ◎ 熟悉工程监理的职责； ◎ 熟悉工程监理架构； ◎ 熟悉工程监理的流程与方法	◎ 能根据设计方案编制施工方案； ◎ 能以项目经理的身份管理检测器系统的施工； ◎ 能以监理工程师的身份根据设计方案和国家标准对交通检测系统施工进行监理	4
7	交通检测器的操作及数据分析	◎ 熟悉不同交通检测器的性能及操作方法； ◎ 熟悉不同交通检测器检测的交通参数； ◎ 熟悉交通检测器的数据处理与分析方法； ◎ 熟悉交通调查的方法	◎ 能根据需要选择合适的交通检测器进行交通调查； ◎ 能正确操作各种交通检测器对交通参数进行检测； ◎ 能根据交通调查的目的选择合适的调查方法； ◎ 能对采集的交通数据进行合理分析并提出建议	8
8	验收交通检测系统	◎ 熟悉交通检测系统的性能及可检测的参数； ◎ 熟悉交通检测系统验收规范； ◎ 熟悉工程验收程序和内容	◎ 能向用户方提交完整的技术文档； ◎ 能用交通检测系统国家验收规范对工程进行验收	4

4 实施建议

4.1 教材编写

(1)需依据本课程标准编写教材，教材应充分体现基于工作过程项目课程的设计思想，突出职业能力培养的思路。

(2)学习项目按照交通信息采集与分析中涉及的工作任务依次排列，项目中所要学习的工作任务可以是交叉与重复的。

(3)教材中的活动设计的内容要具体，并具有可操作性。

(4)教材内容应体现先进性、通用性、实用性，应将最新交通检测器、施工方法、主流信息传输技术、主流产品及时纳入教材，使教材紧跟行业发展趋势。应注意的教材内容的规范性，统一使用国家标准规定的术语、文字、符号，避免产生歧义和误解。

(5)教材应由学校教师与企业工程师共同编写。

4.2 教学建议

(1)基于工作任务的项目课程最适合开展“教、学、做”一体化教学，实训室应包括多媒体教学系统、常用交通检测系统、常用仪器仪表、基本技能训练台,能同时开展讲授、训练和项目教学。

(2)根据课程操作性和工程性的特点,在教学中多采用现场教学、案例教学、示范教学和实物教学等方式。根据教学安排学生到高速公路公司等行业一线,让学生学习交通检测器的安装使用方法,经常选择一些成功与失败的工程案例让学生参与分析,开拓学生的创新思维,培养学生分析问题的能力。在教学方法上,突出启发式、讨论式、师生互动式等形式,在课堂上注重处理好难点与重点、概念与应用、标准与灵活的关系,做到精讲多练、边讲边练、讲练结合。

(3)教学多与行业企业融合。一是请进来,可以请企业兼职教师完成部分教学任务;二是走出去,到收费站等地进行现场教学。

4.3 教学评价

教学评价采用过程性评价和终结性评价相结合的方式。

一、过程性评价(满分100,占总评的70%)					
序号	典型工作任务	评价方式		评价标准	分值
1	选择交通检测器	小组互评	40%	评价学生的学习态度,完成典型工作任务的执行情况,完成典型工作任务的效果和质量,劳动精神,团队协作能力,交流沟通能力,面对困难和压力解决问题的能力	15
		教师评价	60%		
2	选择检测器的信号传输方式及其布线方法	小组互评	40%		10
		教师评价	60%		
3	设计交通检测系统	小组互评	40%		15
		教师评价	60%		
4	安装交通检测系统	小组互评	40%		10
		教师评价	60%		
5	调试交通检测系统	小组互评	40%		15
		教师评价	60%		
6	检测器施工监理	小组互评	40%		10
		教师评价	60%		
7	交通检测器的操作及数据分析	小组互评	40%		15
		教师评价	60%		
8	验收交通检测系统	小组互评	40%		10
		教师评价	60%		
满分					100

二、终结性评价(满分100,占总评的30%)			
序号	评价内容	评价方式	分值
1	标准、规范、功能、步骤等	开卷	30
2	交通检测器原理分析析题等	开卷	70
满分			100
备注:总评=过程性评价×70%+终结性评价×30%			

4.4 课程资源的开发与利用

(1)配套开发实训指导书和操作步骤视频。

(2)积极开发和利用网络教学资源:课程标准、实训指导书、授课计划等教学文件、课件、习题、案例库。

(3)建立互动交流网络平台。

4.5 其他说明

本课程标准适用于高职院校交通安全与智能控制专业。

《收费系统操作实务》课程标准

【课程名称】

收费系统操作实务

【适用专业】

交通安全与智能控制专业

【建议学时】

72

1 前言

1.1 课程的性质

本课程是交通安全与智能控制专业的专业核心课程之一，是介绍交通智能控制三大子系统之一的联网收费系统的应用与维护的专业课程。通过本课程的学习，学生可了解联网收费系统的组成、工作方式，掌握系统集成的相关规范与标准，具备系统集成、操作应用与维护管理的基本技能。为学生就业于高速公路管理公司、联网收费系统建设单位，以及相关设备的生产企业打下良好的专业知识与专业技能基础。

本门课程的先修课程包括电工电子技术、道路交通控制技术、高速公路机电系统等，是"公路收费与监控员"考证的基础。通过本课程的学习，学生应达到交通运输部"交通监控与收费员资格"相应的知识与技能要求。

1.2 设计思路

本课程以本专业人才培养目标为标准，以行业职业资格标准为指导，以就业为导向，以高速公路联网收费系统集成、操作、维护管理专业技能为培养目标，以"系统组成模块和系统设计工艺流程"为依据，确定课程教学内容、顺序及其对应的学时。公路联网收费系统主要包括计算机网络系统、监控系统和通信系统三个子系统，公路基于信息技术将三大系统集成，完成公路联网收费与管理。本课程内容模块的选择是基于公路联网收费系统的组成。

(1)课程内容模块化。从感性到理性、从子系统到综合系统，以子系统的设计流程为主线设计理论教学内容，以子系统的装调工艺流程为主线设计实训项目。

课程内容模块：

收费设备管理：ETC 电子收费设备安装、管理与维护；

收费软件系统管理：收费软件管理、操作、系统维护；

车道机电设备管理：车道机电设备安装与维护；

通信控制系统管理：通信控制子系统管理与维护；

视频监控系统管理：监控系统设备安装与维护。

(2)课程的内容与新技术密切结合。在联网收费模式下，ETC 系统和 MTC 系统共存是我国收费系统的现状。因此，课程内容包括 ETC 系统和 MTC 系统两部分。针对广东现有收费系统包括开放式、封闭式、均一式、混合式几类，实训内容对此均有针对性安排。

(3)知识内容组织形式有助于学生的理解和掌握。知识内容模块化，各模块知识内容采取任务驱动的方式展开，结合任务问题或实例讲原理、讲设计、讲实现。由任务或应用举例入手引入相关的概念、知识和原理，通过试验与技能训练加强相关概念、原理、软硬件设计与调试方法的理解和掌握，体现“做中学、学中练”的教学思路。任务问题或实例应涵盖知识点，通过知识点展开教学内容。理论知识和应用实例相辅相成，理论知识由抽象变得具体，容易接受和理解。

2 课程目标

职业能力培养目标：

(1)收费系统硬件的集成、操作、维护与管理。

(2)收费系统软件的安装、调试与应用。

(3)收费系统车道设备的装调、操作、维护。

(4)收费系统布线技能。

(5)专用工具、仪器仪表的应用技能。

(6)查阅资料、手册、行业技术规范的能力。

3 课程内容和要求

序号	工 作 任 务	知识内容与要求	技能内容与要求	参考学时
1	收费设备管理	◎ 收费系统的运行机制； ◎ 收费系统的组成及其功能	◎ ETC 电子收费感应器安装； ◎ 车载电子标签安装； ◎ 应用服务器及数据库服务器安装维护； ◎ 电子设备防雷措施安装	8
2	收费软件系统管理	◎ 熟悉不同收费模式下软件系统的操作流程； ◎ 半自动收费系统的组成及原理； ◎ 半自动收费系统工程设计； ◎ 不停车收费系统的组成及原理	◎ 能对收费软件系统安装； ◎ 熟练操作不同收费模式下收费软件系统； ◎ 能对日常运行报表生成及汇总	16
3	车道机电设备管理	◎ 车道控制机的原理及结构； ◎ 车辆检测器的原理、结构、安装方法； ◎ 字符叠加器的安装、调试、维修方法； ◎ 费额显示器的安装、调试、维修方法； ◎ 车道通行灯、雾灯、雨棚信号灯的连接、调试方法； ◎ 电动栏杆的安装、调试、故障诊断方法	◎ 能对收费站布局设计； ◎ 车辆检测器的安装与维护； ◎ 字符叠加器的安装、调试、维修； ◎ 费额显示器的安装、调试、维修； ◎ 车道通行灯、雾灯、雨棚信号灯的连接、调试； ◎ 电动栏杆的安装、调试、故障诊断	24
4	通信控制系统管理	◎ 收费系统的通信方式及其优缺点； ◎ 各通信方式的主要技术参数； ◎ 收费系统的布线方法	◎ 能根据需要合理选择收费系统的通信方式； ◎ 能按照规范对收费系统进行布线	12

续上表

序号	工作任务	知识内容与要求	技能内容与要求	参考学时
5	视频监控系统管理	◎ 收费系统摄像头的连接方法; ◎ 字符叠加器的安装、调试方法; ◎ 监控系统的使用方法	◎ 收费广场摄像头、云台安装与维护; ◎ 视频系统布线; ◎ 网络摄像机使用与维护; ◎ 字符叠加器的操作	12

4 实施建议

4.1 教材编写

(1)需依据本课程标准编写教材和实训教材,教材应充分体现课程的设计思想,突出职业能力培养的思路。

(2)学习项目按收费系统的工作任务依次排列,项目中所要学习的工作任务可以是交叉与重复的。

(3)教材的各项目通常应包括以下几项内容:教学目标、工作任务、实践操作(相关实践知识)、问题探究(相关理论知识)、知识拓展(选学内容)、英语词汇索引和解释、实训与练习。

(4)教材应由学校教师与企业工程师共同编写。

4.2 教学建议

(1)在教学内容的设计上,打破学科的系统性,以典型的收费系统(虎门大桥高速公路联网收费系统)的设计与施工为教学素材,淡化理论,重点突出系统的设计方案、设备的选用、集成方法与维护管理等知识点。在理论教学中大量引用案例教学、项目教学和理实一体教学等方法,围绕工程项目的实现开展理论教学,最终以项目的实现为教学目标。同时给学生提供大量的技能训练环节。这样使学生更多地体会和感受系统集成、运行的过程与方法,并学会将理论知识应用于工程实践中。

(2)为培养学生联网收费系统的集成、操作、维护管理的专业技能,加大实践教学的比重。理论与实践教学比例为1:1.8,并开设以工作过程为导向的实训项目,应用现代化教学手段,做学合一的教学模式,以及考核内容与形式的改革,提高了教学效果,确保学生的技能有明显的提高。

(3)建设丰富的教学资源,开通网络教学平台,将理论教学资源、全真实训教学资源上网,拓展学生的学习空间,开通网上师生互动平台,为学生提供一个全方位、立体化的学习环境。

4.3 教学评价

教学评价采用过程性评价和终结性评价相结合的方式。

一、过程性评价(满分100,占总评的70%)					
序号	典型工作任务	评价方式		评价标准	分值
1	收费设备管理	小组互评	40%	评价学生的学习态度,完成典型工作任务的执行情况,完成典型工作任务的效果和质量,劳动精神,团队协作能力,交流沟通能力,面对困难和压力解决问题的能力	15
		教师评价	60%		
2	收费软件系统管理	小组互评	40%		20
		教师评价	60%		
3	车道机电设备管理	小组互评	40%		30
		教师评价	60%		

续上表

序号	典型工作任务	评价方式		评价标准	分值
4	通信控制系统管理	小组互评	40%	评价学生的学习态度,完成典型工作任务的执行情况,完成典型工作任务的效果和质量,劳动精神,团队协作能力,交流沟通能力,面对困难和压力解决问题的能力	15
		教师评价	60%		
5	视频监控系统管理	小组互评	40%		20
		教师评价	60%		
满分					100

二、终结性评价(满分100,占总评的30%)

序号	评价内容	评价方式	分值
1	收费系统的组成及其原理等	开卷	50
2	收费系统的安装及故障诊断等	开卷	50
满分			100

备注:总评 = 过程性评价 ×70% + 终结性评价 ×30%

4.4 课程资源的开发与利用

(1)配套开发实训指导书和操作步骤视频。

(2)积极开发和利用网络教学资源:课程标准、实训指导书、授课计划等教学文件、课件、习题、案例库。

(3)建立互动交流网络平台。

4.5 其他说明

本课程标准适用于高职院校交通安全与智能控制专业。

《智能交通系统导论》课程标准

【课程名称】

智能交通系统导论

【适用专业】

交通安全与智能控制专业

【建议学时】

52

1 前言

1.1 课程的性质

本课程是交通安全与智能控制专业的基础课程,其目标是使学生掌握智能交通系统相关的基本概念、基础理论、应用技术以及多个相关子系统,为后续其他核心专业课程的学习打下基础。

本门课程分成两部分,前一部分为基础部分,主要介绍智能交通系统的研究开发背景与过程、框架体系、交通信息采集与处理、通信、网络、综合平台技术数据库等技术;后一部分为应用系统部分,主要介绍交通信息服务系统、城市智能交通管理系统、城市交通信号控制系统、交通需求管理系统、先进的城市公共交通系统、车辆辅助控制及自动车辆驾驶系统、电子收费系统、紧急事件管理系统、道路设施管理系统以及智能交通系统的评价等。通过本课程的学习,可为各后续课程作必要的知识准备。

1.2 设计思路

智能交通系统是一个庞大的系统工程,包含了各种先进技术(信息技术、数据通信技术、电子控制技术、传感器技术、计算机处理技术),将这些先进技术有效地综合运用到整个交通运输系统。从而建立一种在大范围内、全方位发挥作用的实时、准确、高效安全的综合运输管理系统,智能交通系统导论课程是交通安全与智能控制专业学生学习其他专业课程的前提,因此,智能交通系统导论课程在交通安全与智能控制专业课程体系中具有重要的地位,应作为专业基础课程和必修课程。本课程的主要任务是使学生对智能交通系统中各子系统的基本原理、关键技术、应用情况有初步的认识,重点掌握各个子系统的基本原理及关键技术,为各后续课程作必要的知识准备。

智能交通系统导论课程采用案例教学方法,结合视频资料组织教学内容和实施课程教学,通过观看视频短片,理解相关理论知识,学生观看完短片后,针对短片内容,回答相关问题,掌握必备的理论知识,训练职业能力。

按照智能交通系统的组成部分,本课程教学内容分为基础知识、各子系统两大组成部分,这是一个完整的系统工程,它涵盖了本门课程需要学习的所有理论知识;根据智能交通系统的组成,把这个课程划分为以下九个方面的内容:智能交通系统基础部分、交通信息服务系统、城市智能交通管理系统、城市交通信号控制系统、交通需求管理系统、先进的城市公共交通系统、车辆辅助控制及自动车辆驾驶系统、电子收费系统、紧急事件管理系统和道路设施管理系统。其中,基础部分包括智能交通基本概念、智能交通框架体系、交通信息采集与处理技术、通信技术、网络技术、智能交通系统综合平台、数据库技术及其在智能交通系统中的应用。

为了更清楚地表述课程目标，提高课程目标对教学过程的指导价值，本课程采用表现性课程目标表达方法，分为四个层级，其中知识要求为三个层级，分为“了解”（陈述性知识，一般掌握）、“熟悉”（陈述性知识，熟练记忆）、“理解”（程序性知识，能把握内涵），技能要求为一个层级，其基本格式为“能（会）+程度用语+动词+对象”。本课程所涉及的程度用语主要有“熟练”、“准确”、“基本”。“熟练”指能在所规定的较短时间内无错误地完成任务；“准确”指没有任何错误；“基本”指在没有时间要求的情况下，不经过旁人提示，能无错误地完成任务。

本课程融合了交通安全与智能控制专业相应的知识与技能要求，教学效果评价采取过程性评价与终结性评价相结合的方式，通过理论与实践相结合，重点评价学生的职业能力。

2　课程目标

通过本课程的学习，学生要了解智能交通系统的基本概论、基本理论、基本技术；熟悉各应用子系统的基本原理、关键技术、应用情况，主要包括交通信息服务系统、城市智能交通管理系统、城市交通信号控制系统、交通需求管理系统、先进的城市公共交通系统、车辆辅助控制及自动车辆驾驶系统、电子收费系统、紧急事件管理系统、道路设施管理系统以及智能交通系统的评价。

职业能力培养目标：

（1）能简单描述智能交通系统中各子系统的功能。

（2）能绘制各子系统的基本原理图。

（3）了解各子系统的应用情况。

（4）能针对各子系统出现的问题，提出相应的解决措施。

（5）具备勤劳诚信、善于协作配合、善于沟通交流等职业素养。

3　课程内容和要求

序号	工 作 任 务	知识内容与要求	技能内容与要求	参考学时
1	认识智能交通系统基础部分	◎ 了解智能交通系统的定义与主要研究内容； ◎ 熟悉智能交通系统的技术特点及各技术的关系； ◎ 了解智能交通系统的社会经济效益； ◎ 了解智能交通系统的体系框架； ◎ 熟悉各种采集技术的原理、特点； ◎ 了解智能交通系统的通信技术及网络技术； ◎ 了解智能交通系统综合平台的定义和技术要素	◎ 能描述智能交通系统的地位与作用； ◎ 能描述环形线圈检测器的工作原理； ◎ 能画出微波检测器的工作原理图； ◎ 能比较各种交通检测器的优缺点； ◎ 能根据实际的应用系统选择通信所需的传输媒介； ◎ 能构造智能交通系统所需的局域网络	14
2	维护管理交通信息服务系统	◎ 熟悉交通信息服务系统的组成部分； ◎ 熟悉交通信息服务系统的构成； ◎ 了解交通信息服务系统的应用情况； ◎ 熟悉交通信息系统的关键技术	◎ 能画出交通信息服务系统的构成图； ◎ 能描述交通信息服务系统的关键技术； ◎ 会通过互联网搜索国内外交通信息服务系统的应用情况	6

续上表

序号	工作任务	知识内容与要求	技能内容与要求	参考学时
3	维护管理城市智能交通管理系统	◎ 了解城市智能交通管理系统的组成； ◎ 熟悉交通监视子系统的结构、关键技术； ◎ 熟悉交通控制子系统的结构、关键技术； ◎ 熟悉电子警务与办公自动化子系统的结构、关键技术； ◎ 熟悉交通组织优化方案生成子系统的结构、关键技术	◎ 能绘制城市智能交通管理系统功能体系结构图； ◎ 会分析 OD 位置交通流分布图； ◎ 能分析交叉口车流冲突点； ◎ 能设计动态交通组织优化方案生成系统结构； ◎ 能绘制电子警务平台体系结构图； ◎ 能简述路网实现动态交通流调控的方法	6
4	维护管理城市交通信号控制系统	◎ 熟悉信号控制的分类； ◎ 熟悉定时式脱机操作系统 TRANSYT 的基本原理； ◎ 熟悉 TRANSYT 的仿真模型； ◎ 熟悉 TRANSYT 的优化原理与方法； ◎ 熟悉 SCATS 系统的基本原理； ◎ 熟悉 SCATS 系统的参数优化机理； ◎ 熟悉 SCOOT 系统的模型及参数优化方法	◎ 能绘制 TRANSYT 的基本原理图； ◎ 能描述 TRANSYT 的优化原理与方法； ◎ 能绘制 SCATS 系统的基本原理图； ◎ 能绘制 SCOOT 系统的基本原理图； ◎ 能比较 SCATS 和 SCOOT 系统的异同点	6
5	维护管理城市交通需求管理系统	◎ 熟悉交通需求管理系统的广义定义与狭义定义； ◎ 熟悉高利用率车道管理； ◎ 熟悉停车需求管理产生的交通变化； ◎ 熟悉停车管理信息服务系统的构成； ◎ 熟悉拥挤收费的方式； ◎ 了解拥挤收费的应用情况	◎ 能绘制停车管理系统结构图； ◎ 能描述拥挤收费的应用情况； ◎ 能描述移动性管理的应用情况	4
6	维护管理先进的城市公共交通系统	◎ 理解何谓公共交通系统； ◎ 了解公共交通系统的分类； ◎ 了解公交系统的发展历程； ◎ 熟悉快速公交系统的特点； ◎ 了解出租车的发展历程； ◎ 了解电车的发展历程； ◎ 了解地铁的发展历程； ◎ 了解磁悬浮列车的发展前景	◎ 能绘制快速公交系统的优先信号控制原理图； ◎ 能描述快速公交系统与地铁系统相比有哪些优势； ◎ 能描述磁悬浮的基本原理； ◎ 能描述地铁的发展历程； ◎ 能描述电车的发展历程	6
7	维护管理车辆辅助控制及自动车辆驾驶系统	◎ 熟悉车辆辅助控制的功能； ◎ 熟悉车辆辅助控制的内容； ◎ 熟悉车辆控制系统的子系统的功能； ◎ 熟悉车辆自动驾驶系统在 ITS 中的地位	◎ 能绘制车辆辅助控制的功能结构图； ◎ 能描述车辆控制系统的子系统； ◎ 能描述车辆自动驾驶系统在 ITS 中的地位	4

续上表

序号	工 作 任 务	知识内容与要求	技能内容与要求	参考学时
8	维护管理电子收费系统	◎ 了解传统收费系统的弊端； ◎ 熟悉电子收费系统的定义； ◎ 熟悉电子收费系统的构成； ◎ 熟悉电子收费系统的工作流程； ◎ 熟悉电子收费系统的优势； ◎ 熟悉电子收费系统的运营情况； ◎ 了解电子收费系统在城市车辆综合管理中的应用	◎ 能绘制电子收费系统的构成图； ◎ 能绘制电子收费系统的工作流程图； ◎ 能描述电子收费系统的优势； ◎ 能针对电子收费系统存在的问题，提出相应的解决对策； ◎ 能举例说明电子收费系统的应用情况	4
9	维护管理紧急事件管理系统、道路设施管理系统	◎ 熟悉紧急事件管理系统的作用； ◎ 熟悉紧急事件管理系统的构成； ◎ 熟悉紧急事件管理系统的关键技术； ◎ 熟悉道路设施管理系统的组成； ◎ 熟悉道路设施管理系统的应用情况	◎ 能描述紧急事件管理系统的作用； ◎ 能绘制紧急事件管理系统的构成图； ◎ 能描述紧急事件管理系统的关键技术； ◎ 能绘制道路设施管理系统的组成图； ◎ 能描述道路设施管理系统的应用情况	2

4 实施建议

4.1 教材选用

(1)需依据本课程标准选用教材，教材应充分体现实用性，突出对学生职业能力的培养。

(2)教材通常应包括以下几项内容：教学目标、工作任务、实践操作(相关实践知识)、问题探究(相关理论知识)、知识拓展(选学内容)、英语词汇索引和解释、实训与练习。

(3)推荐教材：陆化普. 智能交通系统概论. 中国铁道出版社，2004。

4.2 教学建议

(1)该课程的理论知识比较多，建议在教学过程中，结合视频资料和实际案例进行讲解，可以使学生更好地掌握知识。

(2)由于本课程的实训内容比较少，建议在教学过程中穿插一些游戏，比如猜专业名词、出问题让学生抢答，使学生在游戏中掌握知识。

(3)根据课程的特点，在教学中多采用案例教学、示范教学和实物教学等方式。在讲授智能交通系统综合平台的内容时，可带学生参观广州智能交通指挥中心，进行现场教学；经常选择一些成功与失败的工程案例让学生参与分析，开拓学生的创新思维，培养学生分析问题的能力；在学习电子收费系统时，采用实物教学；在教学方法上，突出启发式、讨论式、师生互动式等形式，在课堂上注重处理好难点与重点、概念与应用、标准与灵活的关系，做到精讲多练、边讲边练、讲练结合。

(4)技术辩论。智能交通系统是一个覆盖面非常广的系统工程，涉及社会各个方面，在教学中可选择交通领域的几个热门技术话题，如“中心城区是否应该实行拥挤收费”、“电子眼布设位置是否应该公布”、“北京奥运会期间的单双号限行政策是否应该继续实行”、“城市交通问题主要是设施问题还是管理问题”,将学生分为正反方进行辩论,使课堂气氛生动活泼,激发学生的学习兴趣,促进学生积极思考,使学生在辩论中加深对知识的理解和认识,提高对实际问题的分析判断能力,增强对技术的运用能力。

(5)教学多与行业企业融合。一是请进来,可以请企业兼职教师完成部分教学任务;二是走出去,到智能交通企业现场教学。

(6)课程在培养职业能力和传授相应知识的同时,必须重视职业道德和职业意识的渗透,帮助学生养成良好的个人品格和行为习惯,培养学生爱岗敬业精神、团队协作精神和创业精神,帮助学生树立质量意识、节约意识、安全意识、环保意识、文明施工等职业意识。

4.3 教学评价

教学评价采用过程性评价和终结性评价相结合的方式。

一、过程性评价(满分100,占总评的70%)					
序号	典型工作任务	评价方式		评价标准	分值
1	中心城区是否应该实行拥挤收费	小组互评	40%	评价学生的学习态度,准备工作的完成情况,辩论的效果和质量,团队协作能力,交流沟通能力,面对困难和压力解决问题的能力	25
		教师评价	60%		
2	电子眼布设位置是否应该公布	小组互评	40%		25
		教师评价	60%		
3	北京奥运会期间的单双号限行政策是否应该继续实行	小组互评	40%		25
		教师评价	60%		
4	城市交通问题主要是设施问题还是管理问题	小组互评	40%		25
		教师评价	60%		
满分					100

二、终结性评价(满分100,占总评的30%)			
序号	评价内容	评价方式	分值
1	标准、规范、功能、步骤等	开卷	50
2	方案设计题、应用分析题等	开卷	50
满分			100
备注:总评 = 过程性评价 ×70% + 终结性评价 ×30%			

4.4 课程资源的开发与利用

(1)配套开发实训指导书和操作步骤视频。

(2)积极开发和利用网络教学资源:课程标准、实训指导书、授课计划等教学文件,课件、习题、案例库、网络资源导向(链接互联网上的“智能交通网”、“城市交通网”、“智能交通观察者”等专业网站)。

(3)建立互动交流网络平台。

4.5 其他说明

本课程标准适用于高职院校交通安全与智能控制专业。

《智能交通应用》课程标准

【课程名称】

智能交通应用

【适用专业】

交通安全与智能控制专业

【建议学时】

32

1 前言

1.1 课程的性质

本课程是交通安全与智能控制专业的专业课程之一，主要介绍智能交通系统相关的基本概念、理论、应用技术以及多个相关子系统，使学生能够全面熟悉ITS，熟悉智能交通系统在监控管理、收费管理、安全管理方面的主要应用；使学生了解当前世界交通运输发展的前沿，了解智能运输系统的框架及组成，以及各子系统的内涵和应用研究。本课程采用双语教学，同步培养学生交通安全与智能控制专业英语读写能力，使学生具有一定的阅读英文版专业资料的能力。

本门课程的先修课程包括电工电子技术、道路交通控制技术、高速公路机电系统、单片机原理与应用、监控系统集成与维护、GPS原理与应用等，是"公路收费与监控员"考证的基础，同时为毕业设计和顶岗实习打下了基础。通过本课程的学习，学生应达到交通运输部"交通监控与收费员资格"相应的知识与技能要求，并熟悉常用交通系统的设计、安装、操作与维护方法。

1.2 设计思路

本课程以本专业人才培养目标为标准，以行业职业资格标准为指导，以就业为导向，以先进的交通管理系统（ATMS）、先进的交通信息系统（ATIS）、商用车运营管理系统（CVOS）、先进的车辆控制系统（AVCS）、先进的公共交通系统（APTS）、先进的乡村运输系统（ARTS）及自动公路系统（AHS）七类系统的设计、安装、操作、维护和综合使用等方面的技能培养为目标，以"广州市智能交通公用信息平台架构"为依据，确定各子系统的教学内容、顺序及其对应的学时。通过本课程的学习，使学生掌握智能交通系统的各个常用子系统的设计、安装、使用、维修方法，对整个智能交通系统有整体的认识和把握。

本课程采取理实一体教学方式，全部课程在实训室完成，理论知识穿插在做项目的过程中。通过在实训室做子任务的设计，做到"教、学、做"合一。通过练习典型的交通系统设计流程来训练学生的技能。

（1）课程内容模块化。以"广州市智能交通公用信息平台框架"包含的子系统为模块，以前续课程为基础，培养学生对交通系统的综合设计、安装、使用、维修等方面的技能，把课程设计为以下项目模块：先进的交通管理系统（ATMS）、先进的交通信息系统（ATIS）、商用车运营管理系统（CVOS）、先进的车辆控制系统（AVCS）、先进的公共交通系统（APTS）、先进的乡村运输系统(ARTS)、自动公路系统(AHS)。

(2)知识内容组织形式有助于学生的理解和掌握。知识内容模块化,各模块知识内容采取任务驱动的方式展开,结合实例讲原理、讲设计、讲实现。由任务或应用举例入手引入相关的概念、知识和原理,通过试验与技能训练加强相关概念、原理、设计与调试方法的理解和掌握,体现“做中学、学中练”的教学思路。任务问题或实例应涵盖知识点,通过知识点展开教学内容。使理论知识和应用实例相辅相成,使理论知识由抽象变得具体,容易接受理解。

2 课程目标

本课程的总体目标是使学生了解当前世界交通运输发展的前沿,了解智能运输系统框架及组成,以及各子系统的内涵和应用研究,使学生具有一定的阅读英文版专业资料的能力。

职业能力培养目标:

(1)了解智能运输系统的发展概况。

(2)了解并掌握智能运输系统的体系框架。

(3)了解并掌握智能运输系统各子系统的功能结构。

(4)了解并掌握智能运输系统的关键技术基础。

(5)了解并掌握智能运输系统的效果评价和标准化要求。

3 课程内容和要求

序号	工 作 任 务	知识内容与要求	技能内容与要求	参考学时
1	智能运输系统的概况	◎ 了解智能运输系统的概况; ◎ 理解智能运输系统的组成	◎ 能说出智能运输系统的组成; ◎ 能说出智能运输系统各组成部分的功能	2
2	智能运输系统各子系统的功能结构	◎ 先进的交通管理系统(ATMS); ◎ 先进的交通信息系统(ATIS); ◎ 商用车运营管理系统(CVOS); ◎ 先进的车辆控制系统(AVCS); ◎ 先进的公共交通系统(APTS); ◎ 先进的乡村运输系统(ARTS); ◎ 自动公路系统(AHS)	◎ 掌握先进的交通管理系统(ATMS)的原理、构成及功能; ◎ 掌握先进的交通信息系统(ATIS)的原理、构成及功能; ◎ 掌握商用车运营管理系统(CVOS)的原理、构成及功能; ◎ 掌握先进的车辆控制系统(AVCS)的原理、构成及功能; ◎ 掌握先进的公共交通系统(APTS)的原理、构成及功能; ◎ 掌握先进的乡村运输系统(ARTS)的原理、构成及功能; ◎ 掌握自动公路系统(AHS)的原理、构成及功能	14

续上表

序号	工作任务	知识内容与要求	技能内容与要求	参考学时
3	智能运输系统的标准化	了解智能运输系统的标准	能按标准要求对各交通子系统改进	2
4	智能运输系统的体系框架	理解智能运输系统的体系框架	能理解智能运输系统的体系框架各部分的功能	2
5	智能运输系统的评价	◎ 熟悉智能运输系统的评价方法； ◎ 熟悉智能运输系统的评价指标	◎ 能合理选取各交通评价指标； ◎ 按要求进行交通系统评价	2
6	交通流信息采集、发布及控制	◎ 理解交通流信息采集、发布及控制的原理； ◎ 理解交通流信息采集、发布及控制的操作方法	◎ 交通流信息采集、发布及控制系统的设计； ◎ 交通流信息采集、发布及控制的操作	4
7	交通可变信息控制系统及交通诱导	◎ 理解交通可变信息控制系统及交通诱导的结构和原理； ◎ 熟悉交通可变信息控制系统及交通诱导的操作方法	◎ 能按要求设计交通可变信息控制系统及交通诱导系统； ◎ 能对交通可变信息控制系统及交通诱导进行操作	4
8	交通违章、超速抓拍及监控系统	◎ 理解交通违章、超速抓拍及监控系统的原理； ◎ 掌握交通违章、超速抓拍及监控系统的安装方法	能根据实际情况设计交通违章、超速抓拍及监控系统	2

4 实施建议

4.1 教材编写

(1)需依据本课程标准编写教材和实训教材,教材应充分体现课程的设计思想,突出职业能力培养的思路。

(2)学习项目设计按“广州市智能交通公用信息平台框架”依次排列项目,项目中所要学习的工作任务可以是交叉与重复的。

(3)教材应图文并茂,引用图表要清晰精美;语言表述应深入浅出、文字精练。

(4)教材应由学校教师与企业工程师共同编写。

4.2 教学建议

本课程是一门知识具有前沿性的课程,在内容讲授上,要尽量做到将课本内容结合一些核心期刊优秀论文、目前国际上此领域的发展现状,了解并掌握新理论、新技术,对于智能化交通系统框架有全面的认识,并随时追踪国内外智能运输系统的发展方向。

4.3 教学评价

教学评价采用过程性评价和终结性评价相结合的方式。

<table>
<tr><td colspan="6">一、过程性评价(满分100,占总评的40%)</td></tr>
<tr><td>序号</td><td>典型工作任务</td><td colspan="2">评价方式</td><td>评价标准</td><td>分值</td></tr>
<tr><td rowspan="2">1</td><td rowspan="2">智能运输系统的概况</td><td>小组互评</td><td>40%</td><td rowspan="16">评价学生的学习态度,完成典型工作任务的执行情况,完成典型工作任务的效果和质量,劳动精神,团队协作能力,交流沟通能力,面对困难和压力解决问题的能力</td><td rowspan="2">10</td></tr>
<tr><td>教师评价</td><td>60%</td></tr>
<tr><td rowspan="2">2</td><td rowspan="2">智能运输系统各子系统的功能结构</td><td>小组互评</td><td>40%</td><td rowspan="2">15</td></tr>
<tr><td>教师评价</td><td>60%</td></tr>
<tr><td rowspan="2">3</td><td rowspan="2">智能运输系统的标准化</td><td>小组互评</td><td>40%</td><td rowspan="2">10</td></tr>
<tr><td>教师评价</td><td>60%</td></tr>
<tr><td rowspan="2">4</td><td rowspan="2">智能运输系统的体系框架</td><td>小组互评</td><td>40%</td><td rowspan="2">10</td></tr>
<tr><td>教师评价</td><td>60%</td></tr>
<tr><td rowspan="2">5</td><td rowspan="2">智能运输系统的评价</td><td>小组互评</td><td>40%</td><td rowspan="2">10</td></tr>
<tr><td>教师评价</td><td>60%</td></tr>
<tr><td rowspan="2">6</td><td rowspan="2">交通流信息采集、发布及控制</td><td>小组互评</td><td>40%</td><td rowspan="2">15</td></tr>
<tr><td>教师评价</td><td>60%</td></tr>
<tr><td rowspan="2">7</td><td rowspan="2">交通可变信息控制系统及交通诱导</td><td>小组互评</td><td>40%</td><td rowspan="2">10</td></tr>
<tr><td>教师评价</td><td>60%</td></tr>
<tr><td rowspan="2">8</td><td rowspan="2">交通违章、超速抓拍及监控系统</td><td>小组互评</td><td>40%</td><td rowspan="2">20</td></tr>
<tr><td>教师评价</td><td>60%</td></tr>
<tr><td colspan="5">满分</td><td>100</td></tr>
<tr><td colspan="6">二、终结性评价(满分100,占总评的60%)</td></tr>
<tr><td>序号</td><td colspan="2">评价内容</td><td colspan="2">评价方式</td><td>分值</td></tr>
<tr><td>1</td><td colspan="2">智能运输系统各子系统的功能及其原理等</td><td colspan="2">开卷</td><td>70</td></tr>
<tr><td>2</td><td colspan="2">交通信息采集、诱导控制、电子警察等</td><td colspan="2">开卷</td><td>30</td></tr>
<tr><td colspan="5">满分</td><td>100</td></tr>
<tr><td colspan="6">备注:总评 = 过程性评价 ×40% + 终结性评价 ×60%</td></tr>
</table>

4.4 课程资源的开发与利用

(1)配套开发实训指导书和操作步骤视频。

(2)积极开发和利用网络教学资源:课程标准、实训指导书、授课计划等教学文件、课件、习题、案例库。

(3)建立互动交流网络平台。

4.5 其他说明

本课程标准适用于高职院校交通安全与智能控制专业。

《计算机应用基础与信息处理》课程标准

【课程名称】

计算机应用基础与信息处理

【适用专业】

交通安全与智能控制专业

【建议学时】

60

1 前言

1.1 课程的性质

计算机应用基础与信息处理是交通安全与智能控制专业的一门必修课程，主要培养学生的文字处理、数据处理、获取信息、软硬件环境维护等计算机应用能力。通过本课程的学习，使学生能利用计算机为以后的学习、生活服务，毕业以后能迅速适应办公自动化工作环境。此外，本课程是学生学习后续课程的必备基础和工具，对学生顺利完成后续课程的学习，具有非常重要的作用，是一门重要的专业基础课。

1.2 设计思路

教学内容设计：教学内容模块化。计算机应用基础与信息处理这门课程的内容比较杂、多，以学生从“计算机新手”到“计算机高手”的学习过程为主线，重组教学内容，将传统教学章节进行模块化，具体分为计算机应用基础知识、中英文打字、操作系统（Windows）、文字处理（Word）、电子表格应用（Excel）、演示文稿制作（PowerPoint）、计算机网络技术、计算机软硬件的维护八个模块，然后根据学校、企业、事业单位“信息化办公”的现实工作任务，确定每一个单元模块的知识目标及能力目标。

教学设计思路：注重“工学结合”，根据每个模块的能力目标，给每个模块构建若干个典型工作任务，基于“任务驱动、案例模仿、创意设计”实施教学。

教学手段设计：根据本课程特点，新知识的学习打破了以往“先理论后实践”的学习顺序，采用“一体化”教学模式，将理论教学渗透在实践教学中，在“做中学、学中做”。

2 课程目标

根据职业教育“以能力为本位、以职业实践为主线、以项目课程为主体的模块化”课程体系，本课程的总目标是“以就业为导向，以学生为主体，以全面促进综合能力培养为中心”。通过本课程的学习，使学生了解计算机发展文化，理解一些计算机的常用术语和基本概念；熟练使用 Windows 操作平台；熟练掌握 Office 的 Word、Excel、PowerPoint 等主要软件的应用，学会对文字、数据、图形、图像、音频、视频、动画等信息进行处理；具有网络的基础知识，学会通过网络获取信息；学习常用工具软件的使用，能进行计算机软硬件环境的维护；帮助学生建立实践意识、合作意识及创新意识，提高其实践能力、合作能力、创新能力。

职业能力培养目标：

（1）具有计算机软硬件环境的维护能力。

（2）具备对文字、数据表格、演示文稿、图形图像、音频视频、动画等信息进行加工处理的能力。

（3）具有利用互联网服务学习、工作、生活的能力。

(4)培养实践能力、合作能力、创新能力。

3 课程内容和要求

序号	工 作 任 务	知识内容与要求	技能内容与要求	参考学时
1	学习计算机基本知识,认识计算机结构	◎ 了解计算机发展史、分类、应用领域; ◎ 熟悉计算机结构及配件; ◎ 理解一些计算机的常用术语和基本概念	◎ 会识别不同品牌计算机及其配件; ◎ 会比较计算机性能	4
2	操作系统的使用(Windows)	◎ 熟悉 Windows 操作系统的工作界面; ◎ 熟悉 Windows 的配置; ◎ 熟悉 Windows 文件及文件夹管理	◎ 能熟练使用 Windows 操作系统; ◎ 会安装 Windows 操作系统,会使用附件; ◎ 会安装字体、输入法; ◎ 熟悉文件及文件夹的管理	6
3	中英文输入	◎ 学习使用打字练习软件; ◎ 掌握英文打字; ◎ 掌握中文打字	◎ 掌握英文输入法; ◎ 能使用至少一种中文输入法	4
4	文字处理软件的应用(Word)	◎ 熟悉文字、符号输入及编辑; ◎ 熟悉艺术字、图形、图片、文本框的应用; ◎ 熟悉表格的创建及格式化; ◎ 熟悉批注、脚(尾注)、页眉(页脚)的使用; ◎ 会使用邮件合并及宏功能; ◎ 熟悉页面设置及打印	◎ 会 Word 文档的图文混排; ◎ 熟悉 Word 表格处理; ◎ 会 Word 文档页面设置,会打印文档; ◎ 会安装使用公式编辑器; ◎ 会使用邮件合并及运用宏	14
5	制作电子表格(Excel)	◎ 熟悉不同类型数据输入; ◎ 熟悉表格的格式化; ◎ 熟悉公式及函数的使用; ◎ 熟悉数据库管理功能	◎ 会制作电子表格; ◎ 能用公式、函数及数据库管理功能处理数据; ◎ 能使用数据建立数据图表	12
6	制作演示文稿(PowerPoint)	◎ 熟悉幻灯片制作; ◎ 熟悉幻灯片动画、切换效果及播放设置; ◎ 熟悉幻灯片的打包和打印	◎ 能运用文字、图形、图片、视频、音频等信息制作演示文稿; ◎ 会设置幻灯片动画效果、切换效果及播放效果; ◎ 会打包打印演示文稿及打印幻灯片	10
7	互联网使用	◎ 认识计算机网络组成与分类; ◎ 熟悉 Internet 的应用	◎ 会利用网络搜索信息; ◎ 会利用网络交流; ◎ 会网上存储文件和购物	6
8	软硬件维护	◎ 了解计算机的结构; ◎ 熟悉计算机软件环境; ◎ 熟悉计算机软硬件的维护	◎ 会选购、组装计算机; ◎ 会安装打印机、安装网卡; ◎ 会安装系统及数据备份; ◎ 会安装、设置及使用常用的工具软件	4

4 实施建议

4.1 教材编写

在教材的选用上，切忌选用教条式“用户手册”。教材要充分体现项目课程设计思想，采用任务驱动模式，以任务为载体实施教学，任务选取必须科学、符合本课程的工作逻辑、能形成体系，让学生在完成项目的过程中掌握知识及提高职业能力，同时要考虑可操作性、艺术性、实用性。教材内容要反映出当前计算机应用领域的新技术及新的应用。

4.2 教学建议

计算机应用基础与信息处理这门课程，主要是培养学生的操作技能，但学生来源不同，计算机操作水平的差异很大，有的学生早已掌握计算机的基本使用，而有的学生却刚刚接触计算机，对其了解甚少。因此，要求教师要合理设计教学任务，对同一教学内容，要设计出不同层次的工作任务，激发全体学生的学习热情及兴趣。

4.3 教学评价

<table>
<tr><td colspan="6">一、过程性评价(满分100，占总评的40%)</td></tr>
<tr><td>序号</td><td>典型工作任务</td><td colspan="2">评价方式</td><td>评价标准</td><td>分值</td></tr>
<tr><td rowspan="2">1</td><td rowspan="2">启动关闭计算机；设置自己喜欢的桌面；管理文件和文件夹；绘制奥运五环标志；使用计算器</td><td>小组互评</td><td>40%</td><td rowspan="14">评价学生：①学习态度；②完成阶段性任务的效果、质量；③团队协作能力，交流沟通能力，面对困难和压力解决问题的能力</td><td rowspan="2">10</td></tr>
<tr><td>教师评价</td><td>60%</td></tr>
<tr><td rowspan="2">2</td><td rowspan="2">输入几篇中文文章</td><td>小组互评</td><td>40%</td><td rowspan="2">15</td></tr>
<tr><td>教师评价</td><td>60%</td></tr>
<tr><td rowspan="2">3</td><td rowspan="2">个人名片制作；课程表制作；个人简历制作；教材排版</td><td>小组互评</td><td>40%</td><td rowspan="2">15</td></tr>
<tr><td>教师评价</td><td>60%</td></tr>
<tr><td rowspan="2">4</td><td rowspan="2">制作学生成绩表；使用公式函数计算学生成绩表中分数；使用图表分析学生成绩表中数据；商品销售数据的统计与分析</td><td>小组互评</td><td>40%</td><td rowspan="2">15</td></tr>
<tr><td>教师评价</td><td>60%</td></tr>
<tr><td rowspan="2">5</td><td rowspan="2">个人求职简历演示文稿制作；多媒体教学演示文稿制作</td><td>小组互评</td><td>40%</td><td rowspan="2">15</td></tr>
<tr><td>教师评价</td><td>60%</td></tr>
<tr><td rowspan="2">6</td><td rowspan="2">网上学习；网上银行；网上开博；网上购物</td><td>小组互评</td><td>40%</td><td rowspan="2">15</td></tr>
<tr><td>教师评价</td><td>60%</td></tr>
<tr><td rowspan="2">7</td><td rowspan="2">选购、组装计算机；安装打印机、安装网卡；安装系统及备份数据；下载、安装、设置及使用常用的工具软件</td><td>小组互评</td><td>40%</td><td rowspan="2">15</td></tr>
<tr><td>教师评价</td><td>60%</td></tr>
</table>

续上表

二、设计一份电子"手抄报"（满分 100，占总评的 30%）	
评价内容	分值
Word、Excel、PowerPoint 的综合使用能力及创意	100
三、机试（满分 100，占总评的 30%）	
备注：总评 = 过程性评价 ×40% + 电子手抄报 ×30% + 机试 ×30%	

4.4 课程资源的开发与利用

（1）多媒体课件。

（2）优秀学习网站。

（3）《计算机应用基础与信息处理》课程标准。

（4）全国计算机等级考试一级 B 考试、全国高校计算机水平考试、全国计算机信息高新技术考试办公软件应用模块操作员级考试试题库。

（5）学生优秀作品库。

4.5 其他说明

本课程标准适用于高职院校交通安全与智能控制专业。

《C 语言程序设计》课程标准

【课程名称】

C 语言程序设计

【适用专业】

交通安全与智能控制专业

【建议学时】

72

1 前言

1.1 课程的性质

C 语言是一种计算机程序设计语言,它的发展贯穿了计算机发展的历程,蕴含了程序设计的基本思想,囊括了程序设计的基本概念,现在的很多开发工具都遵循着 C 语言的基本语法,在很多语言中都可以看到很多和 C 语言语法的相似之处,许多大型应用软件都是用 C 语言编写的。C 语言具有绘图能力强,可移植性,并具备很强的数据处理能力,因此适于编写系统软件,三维、二维图形和动画,它是数值计算的高级语言。

本课程是交通安全与智能控制专业的一门必修课程,同时也是计算机软件与理论、计算机应用专业的核心技术课程。后续课程为 Java 高级程序设计、ASP 脚本编程、JSP 动态网页设计和 php 动态网页设计等。通过对本课程的学习,使学生掌握编程的基本步骤,提高学生分析和改进程序的能力,并培养学生的团队协作、勇于创新、敬业乐业的工作作风。

1.2 设计思路

本课程以"必需、够用、管用"为原则,对与程序员职业能力培养不密切的知识点进行精简与整合,突出综合知识和实践能力的培养;在教学设计中逐步增加基于工作过程的实践性教学环节比重,注重学生在校学习与实际工作的一致性。在设计思路中,以职业能力培养为重点,与行业企业合作进行基于工作过程的课程开发与设计,充分体现职业性、实践性和开放性的要求,设计思路如下:

(1)由专业指导委员会制订本课程的教学方案,对 C 语言程序设计课程进行总体规划和设计,制定课程教学标准,确定课程教学内容,并定期召开专业指导委员会会议,根据行业的发展变化,实时对教学方案进行调整和修改。

(2)采用项目引导、任务驱动、案例教学等教学方法。通过一两个涵盖 C 语言的主要内容的典型项目,提出问题,通过对问题的分析将项目分解成若干任务模块,从而引出相关的知识点。在具体知识点的介绍中又可精选案例,加强学生的感性认识,加深学生对基本概念和基本方法的理解,调动他们的学习积极性。教学中做到理论与实践相结合,突出基础理论的实用性和适应性。

(3)走工学结合之路。按照基于真实工作过程的教学模式,由专、兼职、教师共同进行课程设计开发,以实际工程项目为导向,再现软件开发相关工作过程,走工学结合之路,并着重强调学生学习能力、专业能力和社会能力的提升;定期安排学生到相关企事业单位实习、实训,使学生了解软件开发的一般过程,具备行业所需的职业素质。

(4)通过课程实训的教学,模拟软件开发过程。重视实践环节的教学,精选实训课题,模拟真实场景，按照软件开发规范，让学生参与软件开发过程，学生通过团队合作，完成系统分析、代码设计、程序调试、文档资料编写等任务，提高学生的综合程序设计能力及团队协作精神，使学生掌握编程的基本步骤，提高其分析和改进程序的能力，并培养学生的团队协作、勇于创新、敬业乐业的工作作风。

2 课程目标

本课程实践性很强，在实践教学中以培养学生的独立思考能力与动手能力为主导原则，由学生独立上机调试程序，解决实际问题，并辅以必要的教师指导。要求学生通过试验能够对课堂讲授内容进行验证、设计或综合运用，从而进一步加深对知识的理解与掌握，培养学生问题求解和编程能力。在学习方法上，要求学生：理解概念、注重实践；由浅入深、循序渐进。

职业能力培养目标：

(1)能正确使用C语言的标识符、数据类型、常量、变量、运算符、表达式、基本语句等基础知识。

(2)能编写简单的顺序结构、选择结构和循环结构程序。

(3)能利用数组编写简单的实用程序。

(4)能编写子程序结构的程序。

(5)能正确分析简单的C语言程序。

(6)能初步利用计算机解决实际问题。从分析问题入手，设计可行的算法，进而编出相应的C语言程序。

(7)具有进一步学习其他语言的能力。

3 课程内容和要求

序号	工作任务	知识内容与要求	技能内容与要求	参考学时
1	定义变量类型	◎ 定义和使用C语言标识符； ◎ 使用C语言的数据类型； ◎ 能正确定义和使用变量； ◎ 能正确使用运算符和表达式	◎ 会使用C语言的标识符和程序结构； ◎ 会定义C语言的数据类型； ◎ 能根据工作目的定义常量和变量； ◎ 能区别运算符和表达式	8
2	控制程序流程	◎ 掌握程序设计的三种结构； ◎ 掌握输入与输出函数的格式及应用； ◎ 掌握if和switch语句的格式及应用； ◎ 掌握for、while和do…while语句的格式及应用； ◎ 掌握循环结构程序设计	◎ 能编写简单的顺序结构、选择结构和循环结构的程序； ◎ 能读懂简单的C语言程序； ◎ 能绘制程序流程图	14
3	定义和应用数组	◎ 掌握数组的定义及应用(一维数组、二维数组)； ◎ 掌握数组应用的常用算法	◎ 能正确分析具有数组的C语言程序； ◎ 能编写极值查找算法； ◎ 能正确分析排序算法等常用算法； ◎ 能利用数组来编写一些实际应用程序	12

续上表

序号	工 作 任 务	知识内容与要求	技能内容与要求	参考学时
4	设计子程序	◎ 掌握C语言函数的定义和调用； ◎ 理解变量的作用域和存储类型； ◎ 掌握函数间数据的传递方法； ◎ 掌握递归函数的编写； ◎ 掌握子程序结构的编写	◎ 能编写子程序结构的程序； ◎ 能正确分析具有子程序结构的C语言程序	10
5	制作推箱子游戏	◎ 学会程序开发的基本步骤； ◎ 掌握程序的调试； ◎ 掌握全局变量的应用范围	◎ 能根据工作目的编写基本程序； ◎ 能对程序进行断点调试	8
6	制作计算器	◎ 学会程序开发的基本步骤； ◎ 掌握程序的调试； ◎ 掌握表达式的运用； ◎ 掌握函数的调用	◎ 能根据工作目的编写基本程序； ◎ 能对程序进行断点调试	8
7	调试和编译程序	◎ 掌握断点调试程序方法和步骤； ◎ 掌握编译程序方法和步骤	◎ 能根据实际工作环境调试程序； ◎ 能把程序编译成可执行文件	8
8	考证辅导	◎ 综合运用C语言各种语句； ◎ 调试和编译程序	能根据工作目的编写程序	8

4 实施建议

4.1 教材编写

根据人才培养方案，编写基于工作过程的教材。教材要充分体现项目课程设计思想，以任务为载体实施教学，任务选取必须科学、符合本课程的工作逻辑、能形成体系，使学生在完成项目的过程中掌握知识并提高职业能力，同时要考虑项目的可操作性、艺术性、实用性。教材内容要反映出当前平面设计领域的新技术、新方法及新的应用，以项目导向组织安排实训内容，要具有职业性强、操作性高、知识更新速度快等特点。

4.2 教学建议

（1）案例教学。在本课程教学中，要突出学生实际分析问题和解决问题的能力，对案例的过程进行详细的分析、解剖、总结，提高学生对知识点的应用和理解，有助于培养学生的编程兴趣，掌握程序员相应岗位技能。

（2）基于工作过程。在教学中，以真实、典型的工作任务为项目驱动组织教学内容，带动整个课程。每个工作任务遵循以学生为主体，由“任务感知—技能目标—技术理论—技术实践—技能拓展—任务评价”六个环节组成，选取典型、使用率高，与培养职业能力有关的工作任务作为典型任务，有目的、有重点地进行实战训练，把握全局，抓住重点，个个击破，实现理论与实践的一体化。

（3）讲练结合。在每一次授课过程中，教师先阐述本项目驱动部分的任务，然后针对提出的工作任务，精心讲解知识点，最后教师现场演示，解决问题，完成任务。在现场演示过程中，教师指导学生进行练习，完成部分功能的实现。通过讲练结合，达到了举一反三、灵活应用的目的。

（4）任务驱动。利用各章节分解的项目任务，培养学生的自学能力和创新精神。教师授课首先给出本项目任务，针对任务讲授相关知识点，然后利用这些知识点来解决问题，让学生带着问题听课，培养了学生从多角度、多层次、宽范围获取和应用知识的能力。

4.3 教学评价

教学评价采用过程性评价和终结性评价相结合的方式。

一、过程性评价（满分100，占总评的70%）

序号	典型工作任务	评价方式		评价标准	分值
1	制作推箱子游戏	小组互评	40%	评价学生的学习态度，完成典型工作任务的执行情况，完成典型工作任务的效果和质量，劳动精神，团队协作能力，交流沟通能力，面对困难和压力解决问题的能力	10
		教师评价	60%		
2	制作计算器	小组互评	40%		10
		教师评价	60%		
3	制作九九表	小组互评	40%		20
		教师评价	60%		
4	制作打字游戏	小组互评	40%		20
		教师评价	60%		
5	制作函数	小组互评	40%		20
		教师评价	60%		
6	制作日历	小组互评	40%		10
		教师评价	60%		
7	调试程序	小组互评	40%		10
		教师评价	60%		
		教师评价	60%		
满分					100

二、终结性评价（满分100，占总评的30%）

序号	评价内容	评价方式	分值
1	标准、规范、功能、步骤等	开卷	50
2	方案设计题、材料预算题和测试结果分析题等	开卷	50
满分			100

备注：总评 = 过程性评价 ×70% + 终结性评价 ×30%

4.4 课程资源的开发与利用

（1）建立C语言网络学习平台。

（2）建立网络技术在线学习平台，确保学生随时随地进行远程开放式学习。学生可以在线浏览网络资源，下载学习软件，构建学习情境和在线疑难解答等。

（3）全动画教学网络课件和基于工作过程的视频点播。

（4）针对本课程的难点，本课程开发小组专门制作了70MB的多媒体动画课件，并提供学生在线学习和下载。在基于工作过程的实训任务中，为让学生对工作子任务和步骤有深刻的理解，开发了500MB的工作过程录像，配备虚拟技术，让学生在任何时间、任何地点都可以在线观看和自我试验，满足了网络课程教学的需要。

4.5 其他说明

本课程标准适用于高职院校交通安全与智能控制专业。

《网络综合布线》课程标准

【课程名称】

网络综合布线

【适用专业】

交通安全与智能控制专业

【建议学时】

60

1　前言

1.1　课程的性质

本课程是交通安全与智能控制专业的核心技能课程，其目标是培养学生掌握运用国家规范、标准，进行综合布线系统设计、施工、测试验收的能力。

本门课程的先修课程包括计算机网络基础、网络工程制图、电工实训等，是网络互联设备配置、服务器技术与应用、中小型网络设计与集成等课程的学习基础。通过学习，学生应达到综合布线工程师任职资格相应的知识与技能要求。

1.2　设计思路

综合布线应用于智能场站和交通机电系统建设领域，是交通安全与智能控制专业学生毕业后的主要就业方向之一，交通机电系统集成、收费系统施工等其他就业岗位也需要综合布线的知识和技能，因此综合布线工程课程在交通安全与智能控制专业课程体系中具有重要的地位，是本专业的核心课程。本课程的主要任务是培养学生综合布线系统需求分析能力、综合布线系统方案设计能力、综合布线系统安装施工能力、综合布线工程项目管理能力和综合布线系统测试验收能力。

综合布线工程课程立足于职业能力培养，采用项目为逻辑主线组织教学内容和实施课程教学，打破以知识传授为主要特征的传统学科课程模式，将完成工作任务必需的相关理论知识构建于项目之中，学生在完成具体项目的过程中学会完成相应工作任务，掌握必备的理论知识，训练其职业能力。

本课程以项目为载体选取教学内容和组织教学，这与学科课程只注重知识体系的完整性和实训课程只注重实践性不同，项目课程旨在用工作任务设计出学习项目，为学生创造一个职业化的学习情境，使学生在实际情境中获得真正的职业能力。在项目课程设计中，项目载体设计是一个关键环节。项目设计要围绕工作任务来进行开放性设计，许多情况下，项目是跨任务的，本课程的项目与工作任务采用分段式和对应式两种匹配模式。

按照工作顺序，综合布线系统有设计、施工、验收三个工作过程，这是一个完整的大项目，它涵盖了本门课程需要学习的所有工作任务；根据工作任务界限，把这个项目划分为以下九个小项目：构建综合布线系统、选择综合布线产品、设计综合布线系统、安装综合布线系统环境、安装双绞线系统、安装光缆系统、管理综合布线工程项目、测试综合布线系统性能、验收综合布线系统。其中，设计工作过程包括构建综合布线系统、选择综合布线产品、设计综合布线系统三个项目，由于综合布线系统结构和综合布线产品选型在综合布线系统中具有重要的地位，因此将这两个项目从设计综合布线系统工作过程中单列出来。施工工作过程包括安装综合布线系统环境(管槽路由环境、设备间和电信间环境、工作区信息插座环境)、安装双绞线系统(双绞线敷设、端接)、安装光缆系统(光缆敷设、端接)和管理综合布线工程项目(项目经理岗位、监理工程师岗位)四个任务项目,前三个项目按安装施工工作任务组织教学内容,后一项目按项目经理和监理工程师工作岗位组织教学内容。验收工作过程包括测试综合布线系统性能、验收综合布线系统两个项目,由于综合布线系统性能测试验收是验收工作过程中一个独立而重要的工作任务,因此将综合布线系统性能测试从验收任务中单列出来。学生按照工作顺序分段逐步完成各小项目,最终完成整个项目。

项目课程是以项目为主线而非以知识为主线,某些知识点如综合布线系统结构、布线标准与规范等理论知识,在不同的工作任务项目中有不同程度的需求,理论知识存在被割裂、零散化的倾向,因此,设计工作任务项目时,尽可能将理论知识用工作任务穿起来,理论知识内容在符合工作任务职业行为的同时,也应符合学生的认知规律,做到由易到难,由简到繁,分散难点,前后衔接,循序渐进。

为了更清楚地表述课程目标,提高课程目标对教学过程的指导价值,本课程采用表现性课程目标表达方法,分为四个层级,其中知识要求为三个层级,分为"了解"(陈述性知识,一般掌握)、"熟悉"(陈述性知识,熟练记忆)、"理解"(程序性知识,能把握内涵),技能要求为一个层级,其基本格式为"能(会)+程度用语+动词+对象"。本课程所涉及的程度用语主要有"熟练"、"准确"、"基本"。"熟练"指能在所规定的较短时间内无错误地完成任务;"准确"指没有任何错误;"基本"指在没有时间要求的情况下,不经过旁人提示,能无错误地完成任务。

本课程融合了综合布线工程师职业资格相应的知识与技能要求,教学效果评价采取过程性评价与终结性评价相结合的方式,通过理论与实践相结合,重点评价学生的职业能力。

2 课程目标

通过完成以项目为载体的工作任务,学生要了解智能建筑的定义与功能、综合布线相关标准、建筑物防雷防火和机房设计规范、OTDR 定位光纤故障方法;熟悉综合布线与智能建筑和网络结构的关系、综合布线系统设计及验收国家标准、综合布线产品、现场勘察和需求分析方法、材料预算方法、VISIO 或 AutoCAD 绘图方法、施工前的准备工作内容、常用电动工具使用方法、管槽路由安装方式与规范、设备间与电信间安装方法与规范、信息插座安装方法与规范、施工方案编制方法和内容、工程项目管理方法和内容、项目经理和监理工程师职责、综合布线工程技术文档种类和内容、综合布线工程验收程序和内容;理解综合布线系统结构与组成、综合布线系统设计方案书的格式和内容、双绞线敷设端接规范和方法、光缆敷设规范及端接规范和方法、光纤衰减原因、电气性能测试指标等。

职业能力培养目标:

(1)能设计中小型综合布线系统方案。

(2)能绘制各种综合布线图。

(3)会综合布线产品选型和材料预算。

(4)能按规范安装管槽路由、设备间、电信间、工作区等综合布线系统环境。

(5)能按规范敷设和端接双绞线和光缆。

(6)能编制施工方案。

(7)能以项目经理和监理工程师的身份管理和监理中小型综合布线工程。

(8)能根据设计方案和验收标准对工程进行测试和验收。

(9)具备勤劳诚信、善于协作配合、善于沟通交流等职业素养。

3　课程内容和要求

序号	工 作 任 务	知识内容与要求	技能内容与要求	参考学时
1	构建综合布线系统	◎ 了解智能建筑的定义与功能； ◎ 熟悉综合布线与智能建筑的关系； ◎ 熟悉网络结构与综合布线系统的关系； ◎ 了解综合布线相关标准； ◎ 熟悉综合布线系统设计、验收的国家标准； ◎ 理解综合布线系统结构与组成	◎ 能描述综合布线系统在智能建筑中的地位与作用； ◎ 能描述综合布线系统结构与网络结构的关系； ◎ 能为综合布线系统选用综合布线标准； ◎ 能准确为智能建筑、网络系统构建合适的综合布线系统结构	4
2	选择综合布线产品	◎ 熟悉网络标准与综合布线产品的关系； ◎ 熟悉双绞线及连接件产品的种类与用途； ◎ 熟悉光缆及连接件产品的种类与用途； ◎ 熟悉在互联网上探索综合布线产品的方法	◎ 能为综合布线系统正确选用双绞线及连接件产品； ◎ 能为综合布线系统正确选用光缆及连接件产品； ◎ 会通过互联网搜索综合布线产品信息	2
3	设计综合布线系统	◎ 熟悉现场勘察和需求分析方法； ◎ 熟悉综合布线各子系统的设计规范； ◎ 熟悉材料预算方法； ◎ 熟悉 VISIO 或 AUTOCAD 绘图方法； ◎ 了解建筑物防雷设计规范； ◎ 了解建筑设计防火规范； ◎ 了解机房设计规范； ◎ 理解综合布线系统设计方案书的格式和内容	◎ 能通过现场勘察、需求分析正确分析用户信息应用系统的种类、数量和分布情况； ◎ 会根据需求分析结果进行综合布线系统各子系统设计； ◎ 能对系统进行材料预算； ◎ 能绘制网络拓扑结构图； ◎ 能绘制综合布线拓扑图； ◎ 能绘制综合布线信息点分布图； ◎ 能编制综合布线系统设计方案书	6
4	安装综合布线系统环境	◎ 熟悉施工前的准备工作内容； ◎ 熟悉管槽、机柜、信息插座等材料与设备的种类和用途； ◎ 熟悉常用电动工具的使用方法； ◎ 熟悉网络通信链路管槽路由安装方式与规范； ◎ 熟悉设备间与电信间安装规范； ◎ 理解信息插座安装规范； ◎ 熟悉安全施工规范	◎ 能根据工程需要做好施工前的准备工作； ◎ 会熟练使用常用电动工具； ◎ 能根据验收标准和现场情况安装管槽系统； ◎ 能根据验收标准安装设备间与电信间； ◎ 能根据验收标准安装信息插座和机柜	8

续上表

序号	工作任务	知识内容与要求	技能内容与要求	参考学时
5	安装双绞线系统	◎ 理解双绞线敷设规范； ◎ 理解双绞线端接规范	◎ 能熟练端接 RJ-45 连接头； ◎ 能熟练端接信息模块和数据配线架； ◎ 能熟练端接 110 语音配线架； ◎ 能按安装规范敷设 4 对双绞线； ◎ 能按安装规范敷设大对数双绞线	8
6	安装光缆系统	◎ 理解光缆敷设规范； ◎ 理解熔接光纤规范和步骤； ◎ 理解光纤连接器连接光纤方法； ◎ 理解光纤衰减原因	◎ 能用光纤熔接机熔接光纤； ◎ 能用光纤连接器连接光纤； ◎ 能熟练安装光纤配线架； ◎ 能按安装规范敷设光缆	8
7	管理综合布线工程项目	◎ 熟悉施工方案编制方法和内容； ◎ 熟悉工程项目管理的组织架构； ◎ 熟悉现场人员、安全、质量、进度管理和成本控制的方法； ◎ 熟悉项目经理的职责； ◎ 熟悉工程监理的职责； ◎ 熟悉工程监理架构； ◎ 熟悉工程监理的流程与方法	◎ 能根据设计方案编制施工方案； ◎ 能以项目经理的身份管理小型综合布线工程； ◎ 能以监理工程师的身份根据设计方案和国家标准对综合布线工程进行监理	6
8	测试综合布线系统性能	◎ 熟悉测试模型； ◎ 熟悉接线图测试内容； ◎ 理解电气性能测试指标； ◎ 熟悉测试仪表； ◎ 熟悉测试标准； ◎ 熟悉 HDTDR 与 HDTDX 故障分析方法； ◎ 熟悉测试光纤长度和衰减的方法； ◎ 了解 OTDR 定位光纤故障方法	◎ 会根据设计标准和用户要求选择测试模型和测试标准； ◎ 能准确应用测试仪表对布线链路进行测试； ◎ 能用测试仪表定位接线图故障； ◎ 能用 HDTDR 与 HDT-DX 定位 NEXT 和 RL 故障； ◎ 能用光纤测试仪测试光纤长度和衰减	12
9	验收综合布线系统	◎ 熟悉综合布线工程技术文档的种类和内容； ◎ 熟悉《综合布线系统工程验收规范》(GB 50312—2007)； ◎ 熟悉工程验收程序和内容	◎ 能向用户方提交完整的技术文档； ◎ 能用综合布线工程国家验收规范对工程进行验收	6

4 实施建议

4.1 教材编写

(1)需依据本课程标准编写教材，教材应充分体现基于工作过程项目课程的设计思想，突出职业能力培养的思路。

(2)学习项目设计按照综合布线的工作流程,即系统设计、安装施工、测试验收依次排列,项目中所要学习的工作任务可以是交叉与重复的,比如布线产品要穿插到系统设计、双绞线施工、光缆施工等工作任务中。

(3)教材的各项目通常应包括以下几项内容:教学目标、工作任务、实践操作(相关实践知识)、问题探究(相关理论知识)、知识拓展(选学内容)、英语词汇索引和解释、实训与练习。

(4)工作任务通常应包括以下内容:工作任务名称、工作任务背景、项目训练载体、技能训练目标、学习环境要求。

(5)教材中的活动设计的内容要具体,并具有可操作性。

(6)教材内容应体现先进性、通用性、实用性,将最新网络标准、综合布线标准、主流技术、主流产品及时纳入教材,使教材紧跟行业发展。教材内容应注意规范性,统一使用国家标准《综合布线系统工程设计规范》(GB 50311—2007)和《综合布线系统工程验收规范》(GB 50312—2007)规定的术语、文字、符号,避免产生歧义和误解。

(7)教材应图文并茂,引用图表要清晰精美;语言表述应深入浅出、文字精练。

(8)教材应由学校教师与企业工程师共同编写。

4.2 教学建议

(1)基于工作任务的项目课程最适合开展“教、学、做”一体化教学,实训室应包括多媒体教学系统、综合布线系统结构模型、产品展示、基本技能训练台和模拟建筑物,能同时开展讲授、训练和项目教学。

(2)根据课程操作性和工程性的特点,在教学中多采用现场教学、案例教学、示范教学和实物教学等方式。在讲授网络系统结构时,教师带学生到校园网的现场进行教学;经常选择一些成功与失败的工程案例让学生参与分析,开拓学生的创新思维,培养学生分析问题的能力;在学习布线产品时,采用实物教学;学习光纤熔接等安装技术时,采用示范教学方式;在教学方法上突出启发式、讨论式、师生互动式等形式,在课堂上注重处理好难点与重点、概念与应用、标准与灵活的关系,做到精讲多练、边讲边练、讲练结合。

(3)技术辩论。综合布线是一门引入我国只有十多年的新型综合性学科,在技术选型和产品选型等方面并没有唯一正确的答案,需要根据用户需求、用户投资、技术指标等诸多条件进行选择,在教学中可选择综合布线领域的几个热门技术话题,如“选择超5类还是6类布线系统”、“采用光纤还是双绞线”、“使用屏蔽双绞线还是非屏蔽双绞线”,将学生分为正反方进行辩论,使课堂气氛生动活泼,激发学生的学习兴趣,促进学生积极思考。使学生在辩论中加深对知识的理解和认识,提高对实际问题的分析和判断能力,增强对技术的运用能力。

(4)公司模式运作工程项目教学。在综合的工程项目教学中,完全按网络工程公司模式运作,构建职业化的学习情境,项目经理、工程师、工程监理等职位由学生竞聘产生,充分调动学生的积极性。

(5)教学多与行业企业融合。一是请进来,可以请企业兼职教师完成部分教学任务;二是走出去,到网络工程现场教学,最好是去本专业毕业生承担的网络工程现场。

(6)项目课程在培养职业能力和传授相应知识的同时,必须重视职业道德和职业意识教育的渗透,帮助学生养成良好的个人品格和行为习惯,培养爱岗敬业精神、团队协作精神和创业精神,帮助学生树立质量意识、节约意识、安全意识、环保意识、文明施工等职业意识。

4.3 教学评价

教学评价采用过程性评价和终结性评价相结合的方式。

<table>
<tr><td colspan="6">一、过程性评价(满分 100,占总评的 70%)</td></tr>
<tr><td>序号</td><td>典型工作任务</td><td colspan="2">评价方式</td><td>评价标准</td><td>分值</td></tr>
<tr><td rowspan="2">1</td><td rowspan="2">构建综合布线系统</td><td>小组互评</td><td>40%</td><td rowspan="18">评价学生的学习态度,完成典型工作任务的执行情况,完成典型工作任务的效果和质量,劳动精神,团队协作能力,交流沟通能力,面对困难和压力解决问题的能力;
安装双绞线系统和测试综合布线系统性能评价以技能竞赛方式进行</td><td rowspan="2">7</td></tr>
<tr><td>教师评价</td><td>60%</td></tr>
<tr><td rowspan="2">2</td><td rowspan="2">选择综合布线产品</td><td>小组互评</td><td>40%</td><td rowspan="2">7</td></tr>
<tr><td>教师评价</td><td>60%</td></tr>
<tr><td rowspan="2">3</td><td rowspan="2">设计综合布线系统</td><td>小组互评</td><td>40%</td><td rowspan="2">20</td></tr>
<tr><td>教师评价</td><td>60%</td></tr>
<tr><td rowspan="2">4</td><td rowspan="2">安装综合布线系统环境</td><td>小组互评</td><td>40%</td><td rowspan="2">10</td></tr>
<tr><td>教师评价</td><td>60%</td></tr>
<tr><td rowspan="2">5</td><td rowspan="2">安装双绞线系统</td><td>小组互评</td><td>40%</td><td rowspan="2">20</td></tr>
<tr><td>教师评价</td><td>60%</td></tr>
<tr><td rowspan="2">6</td><td rowspan="2">安装光缆系统</td><td>小组互评</td><td>40%</td><td rowspan="2">10</td></tr>
<tr><td>教师评价</td><td>60%</td></tr>
<tr><td rowspan="2">7</td><td rowspan="2">管理综合布线工程项目</td><td>小组互评</td><td>40%</td><td rowspan="2">10</td></tr>
<tr><td>教师评价</td><td>60%</td></tr>
<tr><td rowspan="2">8</td><td rowspan="2">测试综合布线系统性能</td><td>小组互评</td><td>40%</td><td rowspan="2">10</td></tr>
<tr><td>教师评价</td><td>60%</td></tr>
<tr><td rowspan="2">9</td><td rowspan="2">验收综合布线系统</td><td>小组互评</td><td>40%</td><td rowspan="2">6</td></tr>
<tr><td>教师评价</td><td>60%</td></tr>
<tr><td colspan="5">满分</td><td>100</td></tr>
<tr><td colspan="6">二、终结性评价(满分 100,占总评的 30%)</td></tr>
<tr><td>序号</td><td colspan="2">评价内容</td><td colspan="2">评价方式</td><td>分值</td></tr>
<tr><td>1</td><td colspan="2">标准、规范、功能、步骤等</td><td colspan="2">开卷</td><td>50</td></tr>
<tr><td>2</td><td colspan="2">方案设计题、材料预算题和测试结果分析题等</td><td colspan="2">开卷</td><td>50</td></tr>
<tr><td colspan="5">满分</td><td>100</td></tr>
<tr><td colspan="6">备注:总评 = 过程性评价 ×70% + 终结性评价 ×30%</td></tr>
</table>

4.4 课程资源的开发与利用

(1)配套开发实训指导书和操作步骤视频。

(2)积极开发和利用网络教学资源:课程标准、实训指导书、授课计划等教学文件,课件、习题、案例库、网络方案、布线标准、工具软件、网络资源导向(链接互联网上的“千家综合布线网”、“安恒网络”、“赛迪网”、“中国 IT 认证实验室网”、“FLUKE 公司网站”、“唯康通信公司网站”等专业网站)。

(3)建立互动交流网络平台。

4.5 其他说明

本课程标准适用于高职院校交通安全与智能控制专业。

《实用网络技术》课程标准

【课程名称】

实用网络技术

【适用专业】

交通安全与智能控制专业

【建议学时】

60

1 前言

1.1 课程的性质

本课程是交通安全与智能控制专业的专业基础课程,课程的主要内容是围绕培养学生智能站场与高速公路联网收费系统施工岗位所必须掌握的网络基础知识和Web技术所需的系统管理、Web测试环境搭建及Web应用服务架构知识。通过学习本门课程学生应具备局域网组建、局域网互联、用户管理、磁盘管理、Web服务、Ftp服务、IP应用、流媒体服务的建设与维护等技能。

本课程的前序课程为计算机应用基础,后续课程为收费系统操作实务。

1.2 设计思路

本课程的设计思路是按照基于工作过程的职业能力训练来进行课程开发,邀请企业行业IT专家对计算机软件专业所涵盖的岗位群进行工作任务和职业能力分析,确定并综合软件技术相关工作的行动领域,确定本课程的学习领域。并进一步按照工作任务到工作结果进行相应的学习情境的设计开发,参照国内外的职业标准,制定课程标准,设计教学单元,同时开发校本教材,对教学过程的组织 、教学条件、课程评价进行详细的设计,完成本课程的整体教学内容和教学实施的整体设计,建立实用网络技术的课程标准。

(1)课程内容面向企业的实际工作任务。在工作过程导向课程开发进程中,本课程内容选择主要依据公路联网收费系统局域网组建、局域网互联、IP配置、Windows系统管理、Windows网络应用服务配置与管理工作,明确了具体的工作任务就确定了课程的授课内容。

通过对典型的工作任务进行归纳,按照TCP/IP协议由低层到高层这一规律,设计进阶式项目案例,将网络知识融入到各学习情境中,构建该课程的教学内容体系。

(2)教学过程面向实际的工作流程。本课程采用了“案例教学法”、“问题导向教学法”、“分组讨论教学法”等多种教学方法,在每个学习情境教学过程中引入一个真实的企业案例,通过网络管理员的工作流程,即接受任务→分析需求→提出解决方案→论证方案的可行性→实施方案→测试验收等工作流程。

通过实现一个完整项目案例,教学过程通过“分析问题,提出问题,解决问题”这一规律,并通过小组讨论等方式引导学生去解决实际问题。多种教学方法的综合运用,能有效地解决理论与实践相脱节的难题。

(3)课程实施立足校企合作。在课程教学内容确定的基础上,根据教学需要,结合学校教学条件实际，课程组针对目前市场没有一本成熟的配套教材的现状，和新软计算机技术有限公司、广州通易科技有限公司等企业专家一起开发了校本教材；针对原网络实训室计算机都是单网卡的现状，和锐捷网络、广州唯康通信有限公司一起改造了原网络实训室，特申购了一批网卡、配线架、交换机、机柜等耗材，构建真实的网络服务机房环境。

(4)课程评价借鉴国内高校及微软职业资格考核标准。通过和ATA公司、新软公司、通易公司等企业的合作，在课程考核中借鉴了微软MCP(微软认证专家)、CEAC(国家信息化计算机教育认证)的考核方式，将职业资格认证的评价标准转化为课程教学的考核标准。基于工作任务的项目考核，用于考查学生能否将所学的知识运用于解决实际问题，能真实反映学生的职业能力。

2 课程目标

本课程的目标是培养学生掌握网络传输介质、IP分类与TCP/IP配置、局域网组建、局域网互联、Windows系统管理、Windows网络服务配置与管理技能。课程在项目实训中穿插必需的网络理论知识，不仅做到以理论够用为度，还和Web程序员岗位中运用到的工作任务结合，使得网络理论更易于理解，并更具实用性。

职业能力培养目标：

(1)具备双绞线的安装能力。

(2)具备TCP/IP的IP配置能力。

(3)具备用户、磁盘、打印等常规服务管理能力。

(4)具备局域网组建及文件共享能力。

(5)具备局域网接入及互联能力。

(6)具备DNS服务构建能力。

(7)具备FTP服务构建能力。

(8)具备Web服务构建能力(静态网站、ASP、ASP.net动态网站)。

(9)具备ODBC数据库连接配置能力。

(10)具备流媒体服务构建能力。

3 课程内容和要求

序号	工作任务	知识内容与要求	技能内容与要求	参考学时
1	双绞线的端接	◎ 了解网络知识体系结构； ◎ 掌握传输层知识； ◎ 掌握双绞线端接知识	◎ 能制作双绞线跳线； ◎ 会用双绞线端接； ◎ 会测试网线的通断	6
2	局域网的组建	◎ 了解数据链路层知识； ◎ 掌握ARP通信知识； ◎ 掌握MAC知识； ◎ 掌握局域网主机互联	◎ 能组建局域网； ◎ 会测试局域网互联与否	6
3	局域网的互联	◎ 了解网络层知识； ◎ 掌握IP分类知识； ◎ 了解路由技术知识； ◎ 掌握局域网接入知识	◎ 会IP的基本运算； ◎ 会TCP/IP的IP配置； ◎ 能配置简单路由，实现局域网的互联	6

续上表

序号	工 作 任 务	知识内容与要求	技能内容与要求	参考学时
4	系统安装与管理	◎ 系统安装； ◎ 控制面板的使用； ◎ 管理控制台管理； ◎ 网络连接管理	◎ 系统的安装； ◎ 运用控制面板管理系统； ◎ 运用管理控制台管理系统； ◎ 网络连接的配置	4
5	用户和组管理	◎ 掌握本地组各类型； ◎ 掌握本地各用户； ◎ 掌握组的管理； ◎ 掌握用户的管理	◎ 创建本地组； ◎ 创建用户； ◎ 管理用户权限； ◎ 理解 SID	2
6	NTFS 管理	◎ 掌握常见的文件系统； ◎ 掌握 NTFS 权限； ◎ 掌握 NTFS 压缩、加密知识； ◎ 掌握磁盘配额； ◎ 掌握卷影副本	◎ 掌握 NTFS 分区基本操作； ◎ 配置 NTFS 权限与特殊权限； ◎ 配置文件及文件夹的所有权； ◎ 能运用 NTFS 压缩、加密技术； ◎ 掌握配置磁盘配额技术； ◎ 掌握卷影副本技术	4
7	LAN 资源共享	局域网文件夹共享	◎ 掌握局域网匿名共享； ◎ 掌握局域网非匿名共享； ◎ 掌握局域网隐式共享； ◎ 掌握共享权限设置	2
8	打印服务管理	◎ 掌握打印机的安装； ◎ 掌握网络打印技术； ◎ 打印服务器的管理技术	◎ 掌握本地打印机的安装与配置； ◎ 掌握网络打印机的安装与配置； ◎ 掌握打印机池技术； ◎ 能管理打印文档	4
9	磁盘管理	◎ 掌握基本磁盘技术； ◎ 掌握动态磁盘技术	◎ 会基本磁盘与动态磁盘的转换； ◎ 会基本磁盘的分区及管理； ◎ 掌握各种卷的配置及应用	4
10	DNS 服务的构建	◎ 掌握域名的相关知识； ◎ 掌握 DNS 服务知识； ◎ 了解 NSLookup 命令	◎ 会配置主要 DNS 服务器； ◎ 能解决 DNS 服务常见故障	4

续上表

序号	工作任务	知识内容与要求	技能内容与要求	参考学时
11	FTP 服务的构建	◎ 掌握 FTP 的工作原理； ◎ 掌握 FTP 服务知识； ◎ 掌握 FTP 命令	◎ 会配置 FTP 站点； ◎ 会配置虚拟目录； ◎ 会配置 FTP QOS 及安全选项； ◎ 会配置 FTP 高级选项； ◎ 会运用 ServU 服务软件架构 FTP 服务器	4
12	Web 服务的构建	◎ 掌握 Web 的工作原理； ◎ 掌握 Web 服务知识	◎ 会配置静态网站； ◎ 会配置动态网站(ASP .net)； ◎ 会配置 Web QOS 及安全选项； ◎ 能实现 Web 与 FTP 的融合运用	4
13	ODBC 数据的连接	掌握 ODBC 数据连接配置	会配置 ODBC，建立数据连接	2
14	流媒体服务的构建	◎ 掌握流媒体服务的工作原理； ◎ 掌握流媒体服务知识	◎ 会配置 MMS 站点的点播和广播； ◎ 会配置 MMS 的 QOS； ◎ 能实现 MMS 与 FTP 等服务的融合运用； ◎ 会运用 Helix 服务构建点播和广播服务器	4
15	机动	◎ 期中复习及考试； ◎ 期末复习及考试； ◎ 学期内公假休息		4

4 实施建议

4.1 教材编写

(1)需依据本课程标准编写教材，教材应充分体现基于工作过程项目课程的设计思想，突出职业能力培养的思路。

(2)学习项目按照学习情境的要求设计，项目中所要学习的工作任务内容可以交叉与重复。

(3)教材的各项目通常应包括以下几项内容：教学目标、工作任务、实践操作(相关实践知识)、问题探究(相关理论知识)、知识拓展(选学内容)、英语词汇索引和解释、实训与练习。

(4)工作任务通常应包括以下内容：工作任务名称、工作任务背景、项目训练载体、技能训练目标、学习环境要求。

(5)教材中的活动设计的内容要具体，并具有可操作性。

(6)教材内容应体现先进性、通用性、实用性，将当前最新的基于 Windows 的网络服务产品纳入教材，使教材紧跟行业和技术发展。

(7)教材应图文并茂，引用图表要清晰精美；语言表述应深入浅出、文字精练。

(8)教材应由学校教师与软件企业工程师共同编写。

4.2 教学建议

(1)案例教学。引入企业的工程项目,作为典型案例,紧扣课程应解决的理论和实际问题,对案例的过程进行详细的分析、解剖、总结。教学过程中由教师讲解案例操作步骤和相关知识,然后由学生仿照教师的演示实现服务器架构。通过观看操作视频,可提高学生对知识点的理解和应用,有助于提高学生的学习兴趣,掌握相应岗位技能。

(2)讲练结合。对基础知识精心讲解,并配合课堂练习,加强师生的及时交流,便于发现问题、解决问题,也便于学生对基本知识的牢固掌握。在每一次授课过程中,教师先阐述本学习情境项目驱动部分的任务,然后针对提出的任务,精心讲解本学习情境的知识点,最后教师现场演示,解决问题,完成任务。在现场演示过程中,教师指导学生进行练习,完成部分功能的实现。通过讲练结合,达到了举一反三,灵活应用的目的。

(3)课堂演示。教师为每一学习情境内容精心制作具有动态效果的幻灯片,以及便于对理论知识理解的实例代码,随堂演示,条理清晰,并在开发环境中演示实例运行效果。在上新课前,对上节课的知识要点进行回顾,讲述本节课的学习目标及重点、难点。在知识点讲解过程中,通过幻灯片动画演示将知识点和问题逐一引入,充分激发学生学习的积极性。

(4)师生之间的良好互动,营造轻松、愉快的学习氛围。在教学中,教师将学生视为等待老师去点燃的炭火,而不是让老师去填充的容器。以学生为主体,教师为主导,通过各任务单元里精心设计的问题,引导学生思考、发言,表达自己的设计思路,并请学生到教师机上演示案例,指出系统给出错误的原因,帮助排错,鼓励学生参与教学过程,使学生变被动学习为主动学习。

(5)任务驱动。利用各学习情境分解的项目任务,培养学生的自学能力和创新精神。教师授课首先给出本学习情境项目任务,针对任务讲授相关知识点,然后利用这些知识点来解决问题,让学生带着问题听课,培养学生从多角度、多层次、宽范围获取和应用知识的能力。

(6)现场教学。依托企业,强化实训。让具有丰富项目开发经验的双师型教师或企业项目工程师在真实的职业环境中现场教学。授课内容包括对某些知识点的扩展、新技术的应用、当前研发项目重点等。

4.3 教学评价

通过和 ATA 公司、新软公司、通易公司等企业的合作,我们在课程考核中借鉴了微软 MCP(微软认证专家)、CEAC(国家信息化计算机教育认证)的考核方式,将职业资格认证的评价标准转化为课程教学的考核标准。

总成绩 = 平时成绩 ×10% + 单项目实训成绩 ×20% + 综合项目考核成绩 ×30% + 期末考核成绩 ×40%

平时成绩反映学生参与项目的情况;各单项目成绩反映学生各子项目的完成质量,通过实训过程评价方法考核;期末的考核项目是基于一个实际的工作情境,让学生分析需求,提出解决方案,并在网络服务器上实现项目配置。

基于工作任务的项目考核,用于考查学生能否将所学的知识运用于解决实际问题,该考核方式能真实反映学生的职业能力。

4.4 课程资源的开发与利用

(1)多媒体教案、电子教材和参考材料。

(2)教学大纲(课程标准)。

(3)习题集、在线测试系统。

(4)实训系统(包括上机训练、阶段项目案例库、项目实训库及相应的指导书)。

(5)学生优秀作品库(学生的作业、项目实训文档及演示视频)。

4.5 其他说明

本课程标准适用于高职院校交通安全与智能控制专业。

《电工电子技术》课程标准

【课程名称】

电工电子技术

【适用专业】

交通安全与智能控制专业

【建议学时】

60

1 前言

1.1 课程的性质

本课程是交通安全与智能控制专业的专业基础课程,通过本课程的学习,使学生掌握交直流电路、模拟电子技术和数字电路的基础知识,掌握简单电路的构成和分析方法。该课程分为三个部:电路基础知识、模拟电子技术基础知识和数字电路基础知识。学生通过该课程的理论学习和技能实训操练,应能掌握简单交直流电路的基本工作原理和分析方法,熟悉模拟电路和数字电路的构成、区别和不同的分析测试方法。本课程可为深入学习本专业后续课程及从事智能交通工作打下基础。

1.2 设计思路

电工电子技术将电路基础、模拟电子技术基础与数字电路基础融为一体,根据高职教育的对象及特点,力求将基本概念表达清楚、精炼准确,使理论浅显易懂;尽量避开高深理论推导,突出高职教育"够用为度、注重实践"的特点,同时避开"烫剩饭"式的低层次徘徊,注重教学内容的内拓和精选,突出先进性、针对性和实用性。

在教学设计中,坚持理论与实训相结合,课内与课外相结合,试验与实训相结合的"三结合",将技能培养贯穿教学全过程,显现实训教学环节的纵向扩展,将一些课堂教学内容搬到实训室,边讲边练;采取现代教学手段和"讲—演—练—评"的教学模式,充分采用直观地插入大量实物图和动画的多媒体课件和实训课题,将启发式、讨论式、案例式等方法灵活运用,提高学生的学习兴趣和解决问题的能力,实现立体化教学。

电子知识学习入门过程长、理论思维抽象、元器件品种繁多、测量手段多样化、理论电路图与实物电路对照难以结合、仪器仪表的规范操作等,使得学生对电子的入门学习望而生畏,感觉到电子知识难学,严重挫伤了学生的学习兴趣和热情。为了解决这些问题,调整教学思路,在教学方法上进行改革,打破传统的教学模式,引入项目教学法,在项目教学中实施了实物演示教学、多媒体教学手段等,用以激发学生的学习兴趣,获得良好的教学效果。根据本课程的内容特点,结合高职院校的生源、学制、学时、学期等实际情况,还可以设计多种教学方法,比如"案例教学法"、"研究性教学法"、"新知识介绍法"、"实践教学法",以达到"分层教学"的教学效果。"分层教学"不仅体现了注重个性化发展、"因材施教"的教学原则,而且是适应扩大招生现状的一种有效对策。

在教学过程中,从实际出发,结合学科特点,根据教学内容而使用交叉式的教学手段。对于传统教学手段难于解决的问题,使用多媒体辅助教学可以化难为易,帮助学生理解有关的概念或原理,能有效地解决教学重点,突破教学难点,能激发学生学习兴趣,提高教与学的效率。

为此，研制开发了网络多媒体教学系统。由于现代教育手段的发展，使有些在教学过程中难以描述的东西可以通过声音、动画等多媒体的形式表现出来，从而增加授课的生动性，提高学生的学习兴趣。特别是当涉及较多的元器件内部结构与电路的信号流程分析时，其内容非常抽象，单靠传统的“粉笔+黑板”模式授课，学生难以理解，通过多媒体课件可生动形象地将过程模拟出来，再配上教师的讲解，便可达到事半功倍的教学效果，并且大大缩短了理论教学与实际应用的距离，增加了课堂的信息量，并将抽象内容以动画的形式展现给学生，提高了学生的学习兴趣，逐步将培养学生素质和创新能力融入到课程教学中。

重视学生实践动手能力的培养，全面培养学生素质。根据课程需要编写实训讲义，针对教材出版滞后于技术发展的特点，及时更新教学大纲，编写补充讲义，充实课程内容。

2　课程目标

通过本课程的学习，使学生掌握常用的电子元器件及仪器仪表的使用，学会分析、测试、搭建直流电路和交流电路，了解电子领域新技术，为后续课程及从事智能交通专业工作打好基础。

职业能力培养目标：

(1)学会基本元器件的识别、选择与测试。

(2)熟悉常用电工、电子仪表的使用。

(3)能进行电路的分析。

(4)能进行交直流电路的搭建与测试，能按实际要求设计简单的电子电路。

3　课程内容和要求

序号	工 作 任 务	知识内容与要求	技能内容与要求	参考学时
1	直流电路相关物理量的测量与计算	◎ 电路及主要物理量； ◎ 欧姆定律； ◎ 电阻的串、并联联结； ◎ 电路的三种工作状态； ◎ 基尔霍夫定律及支路电流法； ◎ 电源的等效变换； ◎ 叠加原理； ◎ 戴维南定理； ◎ 电路中电位的计算	◎ 万用表的使用； ◎ 电路中电位的测量	8
2	安全用电知识及触电的防护	◎ 工厂输配电； ◎ 触电和防止触电的保护措施； ◎ 安全用电及触电急救常识	单相电能表的联结	6
3	常用晶体管的测试与使用	◎ 晶体二极管； ◎ 晶体三极管	◎ 晶体管的简易测试； ◎ 常用电子仪器的使用	10
4	晶体三极管放大电路测试与分析	◎ 单管放大电路的工作原理； ◎ 放大电路的图解法； ◎ 微变等效电路法	◎ 单管放大电路的测试； ◎ 串联型稳压电源	10
5	门电路和组合逻辑电路的测试与分析	◎ 数制与编码； ◎ 门电路； ◎ 组合逻辑电路—编码器；译码器与数字显示器；加法器；数据选择器	译码显示电路测试	14

续上表

序号	工 作 任 务	知识内容与要求	技能内容与要求	参考学时
6	触发器逻辑功能的测试与案例分析	◎ RS 触发器； ◎ 主从型 JK 触发器； ◎ D 触发器； ◎ 二进制计数器； ◎ 二—十进制加法计数器	◎ 触发器逻辑功能测试； ◎ 二进制加法计数器测试与分析	12
合计				60

4 实施建议

4.1 教材的选用

要选用高职高专任务驱动模式教材，充分体现项目课程设计思想，以任务为载体实施教学，任务选取必须科学、符合本课程的工作逻辑、能形成体系，让学生在完成项目的过程中掌握知识并提高职业能力。同时，教材内容要反映出当前电工电子技术领域的新技术、新方法、新工艺及新的应用。具体注意以下几点：

（1）合理安排基础模块和选学模块内容，可针对不同层次学生、不同教学模式编写或选用相应教材。

（2）应体现以就业为导向、以学生为本的原则，将电工电子技术的基本原理与生产生活中的实际应用相结合，注重实践技能的培养，注意反映电工电子技术领域的新知识、新技术、新工艺和新材料。

（3）应符合高职学生的认知特点，努力提供多介质、多媒体、满足不同教学需求的教材及数字化教学资源，为教师教学与学生学习提供较为全面的支持。

4.2 教学建议

（1）以学生发展为本，重视培养学生的综合素质和职业能力，以适应电工电子技术快速发展带来的职业岗位变化，为学生的可持续发展奠定基础。为适应不同层次及学生学习需求的多样性，可通过对选学模块教学内容的灵活选择，体现课程内容的选择性和教学要求的差异性。教学过程中，应融入对学生职业道德和职业意识的培养。

（2）坚持“做中学、做中教”，积极探索理论和实践相结合的教学模式，使电工电子技术理论的学习和技能的训练与生产生活中的实际应用相结合。引导学生通过学习过程的体验或典型电工电子产品的设计分析制作等，提高学习兴趣，激发学习动力，掌握相应的知识和技能。

（3）教师需重视现代教育技术与课程教学的整合，充分发挥计算机多媒体技术、互联网等现代信息技术的优势，通过网络课程建设提高教学的效率和质量。应充分利用数字化教学资源，创建适应个性化学习需求、强化实践技能培养的教学环境，积极探索信息技术条件下教学模式和教学方法的改革。

4.3 教学评价及考核方式建议

（1）考核与评价要坚持结果评价和过程评价相结合，定量评价和定性评价相结合，教师评价和学生自评、互评相结合，使考核与评价有利于激发学生的学习热情，促进学生的发展。

（2）考核与评价要根据本课程的特点，改革单一的考核方式，不仅关注学生对知识的理解、技能的掌握和能力的提高，还要重视规范操作、安全文明生产等职业素质的形成，以及节约能源、节省原材料与爱护工具设备、保护环境等意识与观念的树立。在考虑考核方式时，要做好几个结合：实践与理论结合，既要有以考核技能为主的操作考核，又要有以测试认知水平为主的知识考核；仿真与现场结合，既要在模拟的职业环境中考核，又要在真实的职业活动中考核；结果与过程结合，既要重视最终工作任务的完成情况，又要重视学生能力形成的整个学习过程。应保留各学习情境成绩单及包含工作质量、个人素质和合作能力的评价表等原始考核材料。

4.4　其他

本课程标准适用于高职院校交通安全与智能控制专业。

《SQL Server 数据库应用》课程标准

【课程名称】

SQL Server 数据库应用

【适用专业】

交通安全与智能控制专业

【建议学时】

72

1 前言

1.1 课程的性质

数据库技术几乎无处不在，本课程具有广阔的人才需求市场，不论是软件生产企业还是软件应用企业。因此，根据市场对高职数据库人才培养规格的需求特点，将课程定位为培养学生掌握数据库技术、数据库管理与工具，具有从事数据库 MIS 系统、OA 系统、Web 应用系统等大型数据库项目的设计、开发和维护等技能。

本课程的主要任务是通过学习，使学生达到数据库管理员和数据库应用系统开发人员的任职资格相应的知识与技能要求。

1.2 设计思路

本课程立足于职业能力培养，采用项目为逻辑主线组织教学内容和实施课程教学，打破了以知识传授为主要特征的传统学科课程模式，将完成工作任务必需的相关理论知识构建于项目之中，使学生在完成具体项目的过程中学会完成相应工作任务，掌握必备的理论知识，训练职业能力。

本课程以项目为载体选取教学内容和组织教学，项目课程旨在用工作任务设计出学习项目，为学生创造一个职业化的学习情境，使学生在实际情境中获得真正的职业能力。根据项目选取原则，通过实地调查，选取了由某软件公司负责开发的“运动会信息管理系统”项目，该项目采用 SQL Server2005 开发，项目的核心技术是网络数据库，与教学内容结合紧密，项目需要的其他理论基础知识包括网络基础、程序设计等，这些课程的内容，学生大部分已经学过，项目规模和难度都属于中等，并且有完整的文档资料，能提供扩充空间。

以企业项目“运动会信息管理系统”为主线，按照软件企业数据库项目开发“工作过程”基本流程，以“项目引领”的形式和以系统已有的需求分析、系统功能设计、数据库设计等资料为基础，融合网络数据库的核心知识点和其他相关知识，将该项目分解为 12 个子项目，在实际教学实训过程中，随着课程内容的深入，逐步完成这些子项目的上机实训，这样既能够训练学生掌握数据库各主要机能模块，同时又能够通过与企业项目的结合，提高学生实训效果，更好地培养学生实际项目的设计技能。将大项目分解成“子项目”的形式，将每个“子项目”作为一个或一组知识点和技能点进行实训练习，每个实训都对学生提出了要求、问题、讨论和实训提炼，以便其更好地掌握实训要点。

同时，成立了以 1 位副教授为主讲教师，2 位项目工程师、1 位助讲和 2 位学生组成的 5 人小组负责整个教学工作的管理和实施过程，教学环境安排在设备齐全的学校网络试验教学中心。

教学过程划分为课堂教学、实训课、课程设计三个环节，每个环节有不同的方式和侧重点，形成了围绕项目的三个环节循环学习过程，如右图所示，教师在每个环节的作用逐步递减，而学生的作用逐步递增。在课堂教学环节，主要以教师讲解基本知识点为主；实训课与课堂教学进度同步，以学生实际操作为主，教师仅提出参考建议，检查项目进度，获取学生的反馈信息；课程设计是在学期结束时单独留出 1 ~2 周时间由学生以团队的形式自由选题，独立完成设计，这时老师基本完全放手，给出学生更多自由发挥的空间。

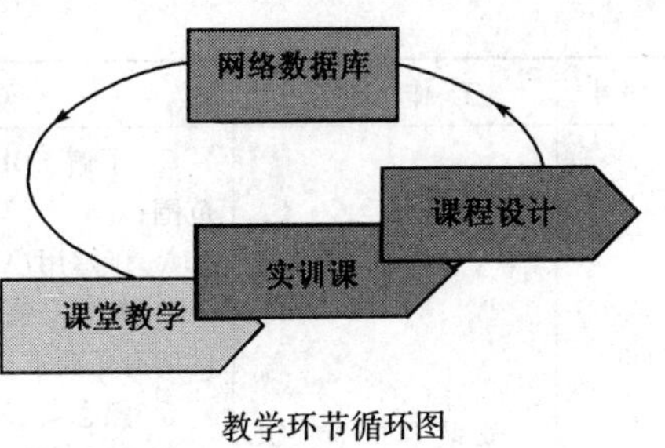

教学环节循环图

本课程融合了数据库工程师职业资格相应的知识与技能要求，教学效果评价采取过程性评价与终结性评价相结合的方式，通过理论与实践相结合，重点评价学生的职业能力。

2 课程目标

SQL Server 网络数据库课程的总体目标是使学生了解数据库技术的相关知识，掌握数据库技术的基本方法，熟练掌握数据库数据处理的基本技能，具备运用 SQL Server 数据库管理系统，进行数据管理与维护的基本能力，同时具有一定开发数据库应用系统的综合能力。

职业能力培养目标：

(1)能使用 E-R 图，关系规范化分析和设计数据库。

(2)能安装配置 SQL Server 2005 环境。

(3)能熟练用各种方法创建数据库、创建表。

(4)能使用 SQL 数据查询语言完成数据库管理的各项工作。

(5)根据项目要求，灵活运用存储过程、触发器等各数据库对象来解决实际问题。

(6)能正确运用数据库账户和权限机制以保证数据库的安全性。

(7)能根据企业的实际要求设计和完成数据库的备份和数据的转换。

(8)能基本掌握前台工具如 JAVA、NET 等的使用和数据库的连接技术，完成一般数据库项目的开发。

(9)能按照数据库系统文档的格式规范编写相关文档。

(10)具备勤劳诚信、善于协作配合、善于沟通交流等职业素养。

3 课程内容和要求

序号	工 作 任 务	知识内容与要求	技能内容与要求	参考学时
1	分析和设计数据库	◎ 了解 SQL Server 2005 的版本和使用范围； ◎ 理解数据库技术的基本概念； ◎ 理解关系的基本运算； ◎ 熟悉 E-R 图的画法； ◎ 理解关系规范化中的函数依赖及范式	◎ 能进行数据需求分析，找出实体、实体的属性、实体之间的关系； ◎ 能画出 E-R 图，并将 E-R 图转换成二维表； ◎ 能使用范式理论对表进一步规范； ◎ 能正确定义表的主码和外码	6

续上表

序号	工作任务	知识内容与要求	技能内容与要求	参考学时
2	安装和配置 SQL Server 2005	◎ 了解 SQL Server 2005 的版本和使用范围； ◎ 了解用户系统的数据及要求； ◎ 熟悉安装 SQL Server 2005 的硬件和软件的有关要求； ◎ 熟悉安装的所有流程； ◎ 熟悉安装故障采取的措施； ◎ 熟悉 SQL Server 2005 的 SSMS 的使用方法； ◎ 熟悉 SQL Server 2005 的查询分析器的使用方法； ◎ 熟悉 SQL Server 2005 服务器的注册和连接方法	◎ 检查计算机的硬件配置是否合乎要求，能为企业的数据库项目正确选用 SQL Server 2005 的版本； ◎ 能正确安装 SQL Server 2005； ◎ 能完成 SQL Server 服务器相关配置工作，并能熟练使用各种管理工具	4
3	创建和管理数据库	◎ 理解 SQL Server 2005 数据库的逻辑结构和物理结构； ◎ 熟练使用 SSMS 创建数据库； ◎ 熟练使用 T-SQL 创建数据库； ◎ 熟练使用 SSMS 和 T-SQL 数据库的管理、修改数据库、删除数据库、查看和设置数据库选项	◎ 能使用数据库管理系统创建数据库； ◎ 能使用数据库管理系统管理数据库	6
4	创建和管理表	◎ 了解 SQL Server 2005 中的常用数据类型； ◎ 熟练使用 SSMS 创建和修改表； ◎ 熟练使用 SSMS 查看和删除表； ◎ 熟练使用 T-SQL 创建和修改表； ◎ 熟练使用 T-SQL 查看和删除表； ◎ 熟练使用 SSMS 和 T-SQL 查看和删除表	◎ 能确定该创建哪些数据表； ◎ 能确定字段数据类型； ◎ 能使用 SSMS 和 T-SQL 创建、修改、删除数据表	6
5	维护数据的完整性	◎ 理解双绞线敷设规范； ◎ 了解数据的完整性的概念和实施方法； ◎ 熟悉主键约束； ◎ 熟悉外键约束； ◎ 熟悉唯一性约束； ◎ 熟悉默认值约束； ◎ 熟悉检查约束； ◎ 熟悉空值约束； ◎ 熟悉规则、绑定规则、解除绑定和删除规则 ； ◎ 熟悉默认值、绑定默认值、解除绑定和删除默认值	◎ 能熟练使用 SSMS 和 T-SQL 语句，在各表上创建、删除和修改主键约束、外键约束、唯一性约束、默认值约束、检查约束、空值约束； ◎ 能熟练使用默认值和规则； ◎ 能熟练建立各表的关系图	6
6	管理和修改数据	◎ 了解运算符和表达式的运用； ◎ 熟悉使用 SSMS 添加、删除和修改表中的数据； ◎ 熟悉使用 INSERT、UPDATE 和 DELETE 语句修改表中的数据	能进行数据的插入、修改和删除操作	4

续上表

序号	工作任务	知识内容与要求	技能内容与要求	参考学时
7	查询数据	◎ 了解SELECT语句的语法形式； ◎ 熟悉简单查询； ◎ 熟悉模糊查询； ◎ 熟悉统计函数； ◎ 熟悉分组查询； ◎ 熟悉连接查询； ◎ 熟悉子查询； ◎ 熟悉联合查询； ◎ 熟悉分布式查询	能使用SELECT语句完成简单查询、条件查询、分组查询、连接查询、嵌套查询、多表查询	8
8	创建和管理索引及视图	◎ 了解索引的结构和作用； ◎ 熟悉使用SSMS创建、修改、使用、删除索引； ◎ 熟悉使用查询分析器创建、修改、使用、删除索引； ◎ 了解视图的结构和作用； ◎ 熟悉使用SSMS创建、删除视图； ◎ 熟悉使用查询分析器创建、删除视图	◎ 能使用索引快速访问数据表或视图中的数据； ◎ 能通过视图查询、修改与更新数据表数据	6
9	简单应用T-SQL语言	◎ 认识了解T-SQL语言基础知识； ◎ 熟悉使用局部和全局变量； ◎ 熟悉使用系统函数； ◎ 熟悉使用流程控制语句	能使用T-SQL语言，编写简单的脚本程序，实现对表的数据处理	4
10	综合应用T-SQL语言	◎ 熟悉创建和使用存储过程； ◎ 熟悉创建和使用用户自定义函数； ◎ 熟悉创建和使用游标； ◎ 熟悉创建和使用事务； ◎ 熟悉创建和使用触发器	◎ 能使用存储过程实现对数据表的数据插入、修改、删除； ◎ 能使用触发器实现对重要敏感数据的保护； ◎ 能创建事务使对表数据的操作成为一个整体，维护数据的一致性； ◎ 能使用游标实现对表中行的访问	8
11	管理和维护数据库	◎ 了解登录SQL Server服务器的两种验证方法； ◎ 熟悉创建SQL Server服务器登录账户的方法； ◎ 熟悉创建数据库用户的方法； ◎ 熟悉数据库角色的创建和管理，以及SQL Server 2005数据库备份的分类和特点； ◎ 了解备份设备的概念以及备份设备的创建、查看和删除方法； ◎ 熟悉使用"SQL Server Management Studio"管理工具实现数据库备份方法； ◎ 熟悉使用Transact－SQL语句实现数据库备份方法； ◎ 熟悉使用"SQL Server Management Studio"管理工具实现数据库恢复方法； ◎ 熟悉使用Transact－SQL语句实现数据库恢复方法； ◎ 熟悉导入和导出数据库； ◎ 熟悉分离和附加数据库	◎ 能创建与管理登录账户和用户账户； ◎ 能规划和实施数据库系统中的权限和角色； ◎ 能根据需要灵活地进行数据库备份和还原； ◎ 能根据需要灵活地进行数据库导入和导出； ◎ 能根据需要灵活地进行分离和附加数据库	6

续上表

序号	工作任务	知识内容与要求	技能内容与要求	参考学时
12	开发数据库项目	◎ 掌握管理信息系统的基本构成； ◎ 掌握管理信息系统开发的一般过程； ◎ 认识 SQL Server 驱动程序； ◎ 熟悉连接数据库的技术	◎ 能使用数据库应用技术进行项目分析、数据处理、程序设计； ◎ 能归纳出数据库应用系统开发的基本思想与方法； ◎ 能使用连接数据库的技术，使客户机连接访问数据库服务器	8

4 实施建议

4.1 教材编写

(1)依据本课程标准编写了《数据库原理与应用 SQL Server 2005 项目教程》的教材，已由中国水利水电出版社出版。该教材充分体现了基于工作过程项目课程的设计思想，突出职业能力培养的思路。

(2)学习项目设计按数据库分析设计和使用管理的工作流程：需求分析、概念设计、逻辑设置、数据库物理设计、数据库实施和数据库运行和维护依次排列项目。根据数据库应用开发人员培养目标、基于工作过程的教学需求和职业资格标准选择项目内容。项目中所要学习的工作任务的内容也应符合学生的认知规律，做到由易到难，由简到繁，分散难点，前后衔接，循环前进。

(3)教材的各项目包括以下几项内容：教学目标、工作任务、实践操作(相关实践知识)、问题探究(相关理论知识)、知识拓展(选学内容)、实训与练习。

4.2 教学建议

(1)基于工作任务的项目课程最适合开展“教、学、做”一体化教学，实训室应包括多媒体教学系统，能同时开展讲授、训练和项目教学。

(2)在教学中多采用项目教学、任务教学、角色扮演教学等方式。实现“学中做”、“做中学”，以达到学生真正掌握知识与技能的目的。教学的出发点是师生互动；切入点是边学边做；落脚点是调动学生学习的积极性、创造性，尤为强调个性的发挥。“项目驱动”教学法并不是简单地给出任务，重要的是要让学生学会学习。

(3)项目的选取必须与时俱进，联系当前先进的系统开发技术，同时又要兼顾涵盖知识点的广泛，不能仅限于某个行业。建立一个项目题库势在必行，需要在教学中不断摸索，这是一个长期的过程。

(4)教学多与行业企业融合。计算机行业竞争激烈，企业提供给学生顶岗实习的机会相对较少，学校应加强与企业间的合作，提供学生更多积累实践经验的平台。一是请进来，可以请企业兼职教师完成部分教学任务；二是走出去，到软件企业现场教学。

(5)项目课程在培养职业能力和传授相应知识的同时，必须重视职业道德和职业意识的渗透，帮助学生养成良好的个人品格和行为习惯，培养爱岗敬业精神、团队协作精神和创业精神，帮助学生树立质量意识、节约意识、安全意识、环保意识、文明施工等职业意识。

4.3 教学评价

本课程融合了数据库系统工程师职业资格相应的知识与技能要求，教学效果评价采取过程性评价与终结性评价相结合的方式，通过理论与实践相结合，重点评价学生的职业能力。

一、过程性评价（满分100，占总评的70%）					
序号	工作任务	评价方式		评价标准	分值
1	数据库设计	小组互评	40%	评价学生的学习态度，完成典型工作任务的执行情况，完成典型工作任务的效果和质量，劳动精神，团队协作能力，交流沟通能力，面对困难和压力解决问题的能力	10
		教师评价	60%		
2	安装和配置 SQL Server 2005	小组互评	40%		6
		教师评价	60%		
3	创建和管理数据库	小组互评	40%		6
		教师评价	60%		
4	创建和管理表	小组互评	40%		8
		教师评价	60%		
5	维护数据的完整性	小组互评	40%		10
		教师评价	60%		
6	管理和修改数据	小组互评	40%		4
		教师评价	60%		
7	查询数据	小组互评	40%		10
		教师评价	60%		
8	创建和管理索引和视图	小组互评	40%		8
		教师评价	60%		
9	简单应用 T-SQL 语言	小组互评	40%		10
		教师评价	60%		
10	综合应用 T-SQL 语言	小组互评	40%		10
		教师评价	60%		
11	管理和维护数据库	小组互评	40%		8
		教师评价	60%		
12	数据库编程	小组互评	40%		10
		教师评价	60%		
满分					100

二、终结性评价（满分100，占总评的30%）			
序号	评价内容	评价方式	分值
1	文档、操作步骤、功能	开卷	50
2	数据库设计分析题、T-SQL 编程题等	闭卷	50
满分			100
备注：总评 = 过程性评价 ×70% + 终结性评价 ×30%			

4.4 课程资源的开发与利用

(1)配套开发实训指导书和操作步骤视频。

(2)积极开发和利用网络教学资源:课程标准、实训指导书、授课计划等教学文件,课件、习题、案例库、数据库设计方案、工具软件、网络资源导航(链接互联网上的"赛迪网"、"中国IT认证实验室网"等专业网站)。

(3)建立互动交流网络平台。

4.5 其他说明

本课程标准适用于高职院校交通安全与智能控制专业。